华章科技 HZBOOKS | Science & Technology

Bootstrap
开发精解

原理、技术、工具及最佳实践

［美］ 亚拉文·谢诺伊（Aravind Shenoy） 著
乌尔里希·索松（Ulrich Sossou）

李景媛 吴晓嘉 译

Learning Bootstrap

机械工业出版社
China Machine Press

图书在版编目（CIP）数据

Bootstrap 开发精解：原理、技术、工具及最佳实践 /（美）谢诺伊（Shenoy, A.），（美）索松（Sossou, U.）著；李景媛，吴晓嘉译 . —北京：机械工业出版社，2016.2
（Web 开发技术丛书）

书名原文：Learning Bootstrap

ISBN 978-7-111-52959-0

Ⅰ. B…　Ⅱ. ①谢…　②索…　③李…　④吴…　Ⅲ. ① JAVA 语言 - 程序设计 - 高等学校 - 教材　② JAVA 语言 - 网页制作工具 - 高等学校 - 教材　Ⅳ. ① TP312　② TP393.092

中国版本图书馆 CIP 数据核字（2016）第 028772 号

本书版权登记号：图字：01-2015-7588

Aravind Shenoy, Ulrich Sossou: *Learning Bootstrap* (ISBN: 978-1-78216-184-4).

Copyright © 2014 Packt Publishing. First published in the English language under the title "Learning Bootstrap".

All rights reserved.

Chinese simplified language edition published by China Machine Press.

Copyright © 2016 by China Machine Press.

本书中文简体字版由 Packt Publishing 授权机械工业出版社独家出版。未经出版者书面许可，不得以任何方式复制或抄袭本书内容。

Bootstrap 开发精解：原理、技术、工具及最佳实践

出版发行：机械工业出版社（北京市西城区百万庄大街 22 号　邮政编码：100037）	
责任编辑：李　艺	责任校对：董纪丽
印　　刷：中国电影出版社印刷厂	版　　次：2016 年 3 月第 1 版第 1 次印刷
开　　本：186mm×240mm　1/16	印　　张：12.25
书　　号：ISBN 978-7-111-52959-0	定　　价：49.00 元

凡购本书，如有缺页、倒页、脱页，由本社发行部调换
客服热线：（010）88379426　88361066　　　　投稿热线：（010）88379604
购书热线：（010）68326294　88379649　68995259　读者信箱：hzit@hzbook.com

版权所有 • 侵权必究
封底无防伪标均为盗版
本书法律顾问：北京大成律师事务所　韩光 / 邹晓东

The Translator's Words 译者序

历时数月,又一份译稿付梓。一本书的翻译过程,既是对自己英文、技术水平的检验过程,也是帮助自己对某一领域有更深入理解的过程。而此书,就是让我再次感受到Bootstrap的独特魅力——作为一种前端框架,虽然它不能满足你所有的要求,但是,它"开箱即用",封装了前端开发的大量底层细节,同时又开放灵活,可以满足各种个性需求。凭此两点,就值得我们在选择时多加考虑。更何况,Bootstrap对响应式网页设计有很好的支持,组件非常丰富,也有非常活跃的社区支持……种种优点,不一而足。

不少人总是期望寻找到一种完美的前端框架,既要省时省力,拿来即用,又要足够灵活,随意定制,还要方便重用、功能丰富、开源……其实,前端开发同样没有"银弹"存在,选择适合工程项目类型的框架,或许是前端开发人员所需的基本技能之一。特别是在国内,使用前端框架的思想还没有很好地深入开发人员的心中,不少开发人员仍在做着重复制造轮子的事情,不少团队还陷入前端代码不统一、维护困难、可重用性差、开发周期长的困境中。所以,前端框架的普及任重而道远。假设你已经决定把Bootstrap放入您的前端框架兵器库中,我相信,这本书应该可以让你把这件兵器用得得心应手。本书从最基本的安装和定制开始介绍,详细讲解了Bootstrap中最重要的栅格概念和CSS样式,并把几乎全部的组件都一一呈现出来,而且也不忘对高级的LESS变量、mixin等技术做讲解,算得上是一本全面而深入浅出的技术书籍。特别是最后一章,看似只是资源的汇总,其实是为读者打开了一扇门,藉此通往Bootstrap更为广阔的天地。

译者

2015年冬

作者简介 About the Authors

Aravind Shenoy 是 Packt 出版社的一名内部作者。他毕业于曼尼帕尔理工学院工程系，主要兴趣是技术写作、网页设计和软件测试。他出生并居住在印度孟买，爱好音乐，喜欢听绿洲乐队、R.E.M、大门乐团、恐怖海峡乐队和 U2 乐队的歌，他的播放列表中满是摇滚和说唱歌曲。Aravind 也是另外好几本书的作者，比如《Thinking in HTML》和《Hadoop Explained》。Amazon 的作者中心页面上有关于他的更多作品的介绍，网址是：http://www.amazon.com/Aravind-Shenoy/e/B00ITSR2WE。

他的联系方式是：aravind.shenoy@hotmail.com。

我要感谢我的叔叔 Ramanath N Kamath 博士，在我写 Bootstrap 这本书的时候，他不断地给我鼓励。我也要衷心地感谢 Packt 出版社的 Edward Gordon 和 Julian Ursell，正是有了他们的帮助我才能够专心地写作。

Ulrich Sossou 是一名经验丰富的软件工程师和企业家，热衷于解决各种问题。他喜欢帮助一些个人和企业分析难题，促使他们自身或他们的企业向最好的结果发展。

他最初的技术经验是 8 岁时在他叔叔的电脑修理店里积累下来的，在那里他摆弄过早期的各种个人电脑，比如 Macintosh Classic。从那时起，他逐渐在软件工程、架构、设计以及市场和销售领域积累下了宝贵的经验，也逐步掌握了运营软件公司所需的各种技能。

他不是在忙于开源项目，或指导经验不足的软件工程师或创业者，就是在 Retreat Guru 公司担任 CTO（http://retrestguru.com/，这是一个加拿大公司，从事健康旅游产业），同时他也是 Flyerco（https://www.flyerco.com/，这是一家帮助房产经纪人制作传单推销房产的公司）的创始人之一，此外，他还和其他人一起创建了 TekXL（http://www.tekxl.com/，这是一家西非的创业孵化机构）。

审校者简介 About the Reviewers

Ravi Kumar Gupta 是一名开源软件的传播者和 Liferay 专家。他在斋浦尔（Jaipur）㊀的 LNM 信息技术研究院获得了技术学士学位，在皮拉尼（Pilani）㊁的贝拉科学技术研究院（BITS）获得了软件系统硕士学位。他擅长使用 Liferay 进行门户管理与开发。

Ravi 现在是 CIGNEX Datamatics 公司的高级顾问，曾经是印度塔塔咨询服务公司（TCS）开源团队的核心成员（在那里他开始涉足 Liferay 和其他 UI 技术）。在他的职业生涯中，他曾经使用最新的富用户界面技术和开源工具构建企业的解决方案。

他喜欢把时间花在写作、学习和讨论新技术上，是 Liferay 论坛的活跃份子，也为他自己的博客"TechD of Computer World"（http://techdc.blogspot.in）撰写技术文章。他还一直是 TCS 和 CIGNEX 的 Liferay 培训师，主要讲授 Liferay 5.x 和 6.x 版课程。

你可以通过 Skype（kravigupta）和 Twitter（@kravigupta）联系到他，也可以通过 LinkedIn 和他联系（http://in.linkedin.com/in/kravigupta）。

我要感谢我可爱的妻子和我的家人给予我的支持，正是因为他们才成就了现在的我，他们的支持帮助我度过了那些有苦有乐的日子。我还要感谢我的朋友和同事给予我的支持。

Harsh Raval 是一名有着多年经验靠自学成才的充满热情的软件开发者。他是一名

㊀ 印度拉贾斯坦邦的首府。——译者注
㊁ 位于印度拉贾斯坦邦的一个城镇。——译者注

兼职的博客作家，撰写有关各种技术和自身经历的博文。他拥有计算机科学的学士学位。

他初入职场时是一名后台工程师，使用过各种各样的后台框架，以 Java 为主。现在对于前端技术他也掌握了一定的经验和技巧。一开始，他从事前端开发编码只是出于爱好，但最终却通过应用各种 JavaScript 框架设计实现了出色的后台和前端系统。

因为这是我参与的第一本书，我要把它献给我的家人。

Fred Sarmento 是一名前端开发者和 UI 设计师，居住在葡萄牙里斯本。他在这个领域已经有超过 5 年的经验，且一直与纽约和旧金山的一些出色的初创公司一起工作。在 2014 年，他建立了 Cropfection（www.cropfection.com），从事前端技术咨询与开发工作。

前言 Preface

Bootstrap 是一种能够增强前端网页设计的强大框架,它的第 3 版引入了更多的特性,包括移动优先(mobile-first)的响应式栅格、LESS 变量、特制的组件以及一些可以帮助用户设计动态用户界面的插件等。随着移动网页开发时代的到来,移动和平板设备逐渐成为人们使用 Internet 的事实标准。所以,我们有必要先从移动优先的角度设计网站,继而再考虑台式和笔记本电脑上更大的屏幕。Bootstrap 也可谓是功能丰富,它集成了各种精良的解决方案和特性,可以帮助开发人员快速轻松地实现困难的任务。除了这些内置的特性,社区还对一些附加的资源和第三方工具提供了有力的支持。当我们在构建企业级和美观的网页应用程序时,会用到许多复杂的布局样式,利用这些资源和工具就可以避免在设计中出现大量不确定性因素。本书就是这样一份内容丰富的资源,它用浅显易懂的方式,让大家掌握各种技术诀窍,进而了解 Bootstrap 的各种复杂细节。

本书内容

第 1 章是对 Bootstrap 的简单介绍。本章解释了我们使用 Bootstrap 的必要性,此外还阐述了 Bootstrap 为简化网页设计所采用的移动优先方法的相关范例。

第 2 章以实际演练的方式讨论了 Bootstrap 的安装和定制,内容涵盖了定制样式、Bootstrap 的深度定制和 LESS 文件的编译。

第 3 章首先介绍了 Bootstrap 栅格类的使用,从中我们可以学到如何添加行、列与偏移，如何嵌套列，如何使用不同的变量和 mixin。最后，我们将通过一个实际的例子，创建一个自定义的博客布局来进行总结。

第 4 章首先介绍了排版的相关内容，然后逐一介绍 CSS 的各种知识，包括表格、表单、按钮和各种响应式工具，也包括在 Bootstrap 中广泛应用的辅助类工具。

第 5 章将学习字体图标（glyphicon）和路径导航（breadcrumb）这类流行的组件，此外还将学习一些不同的导航组件，比如导航标签页（nav tab）、胶囊式标签页（nav pill）和下拉菜单，这些组件将帮助大家构建出交互式的网页。

第 6 章将对其他一些组件进行广泛深入的介绍，包括 Well、标签、进度条、徽章、面板、警告框和分页，这些组件是"现代"网站的关键所在，我们藉此可以构建出美观的网站。

第 7 章将讨论一些官方的和选配的插件，可以实现模态窗（modal）、轮播（carousel）、工具提示（tooltip）和折叠面板（accordion），我们可以利用它们快速开发出动态的网页，而不需要为了实现这些特性而编写很多复杂的代码。

第 8 章将介绍一些令我们受益的第三方工具和主题，它们简化了 Bootstrap 的网页设计体验。这部分内容是一个一站式的解决方案，提供了大量的资源，比如模板、自定义布局以及一些代码片段，能够使我们快速轻松地实现可靠的用户界面。本章还对 Bootstrap 的未来、下一步的发展以及它与 WordPress、Joomla 这类"未来"的网页设计的重要框架的种种兼容性问题进行了概述。

附加章节向大家逐步描述了构建现代电子商务网站的全过程，有助于大家理解现实场景中的网页设计。这一章是一个样例，供希望能够利用较为轻量的系统和高效的方式构建企业级网站的读者以参考。本章通过网络提供给大家，地址是：https://www.packtpub.com/sites/default/files/downloads/Building%20an%20e-commerce%20Website%20with%20Bootstrap.pdf。

阅读本书需要准备的知识

我们除了需要掌握 HTML、CSS 和 JavaScript 的基础知识之外，还需要一个编辑器。可以用记事本或 Notepad++ 来处理书中的示例。虽然大部分的代码都是在记事本中编写的，但你可能更喜欢使用Notepad++，因为它是开源的，功能也更为强大，还具有语法高亮和语法折叠等特性，能够帮助我们井然有序地进行编码。

本书阅读对象

本书既适用于初学者，也适用于那些经验丰富的网页设计师和希望构建具有专业外观的动态网站的开发者。对于希望能把Bootstrap应用在开发中的有追求的用户而言，除了HTML、HTML5和CSS的基础知识之外，还要掌握一些（非常基本的）JavaScript知识。读者在阅读本书之前并不需要掌握Bootstrap的有关知识，因为本书将会把Bootstrap应用到你的"宝贝"项目中所需要的所有诀窍都教给你。

格式约定

如果我们希望你关注代码块的某一特定部分，相关的代码行或条目将会加粗显示。

新术语和重要文字将以粗体显示。所有我们在屏幕上看到的文字，比如出现在菜单或对话框中的文本，都将以如下格式显示："单击**下载 Bootstrap** 按钮，文件将会以ZIP格式下载。"

 出现在此框中的文字表示警告或重要的注意事项。

 出现在此框中的文字表示提示或技巧。

下载示例代码

本书中的示例代码可以从华章网站（www.hzbook.com）上下载。

Contents 目录

译者序
作者简介
审校者简介
前言

第1章 Bootstrap 入门 1
1.1 移动优先的设计 1
1.2 为什么选择 Bootstrap 3
1.3 小结 6

第2章 Bootstrap 的安装与定制 7
2.1 在 HTML 文件中包含 Bootstrap 8
2.2 Bootstrap CDN 10
2.3 用自定义的 CSS 进行覆盖 12
2.4 使用 Bootstrap 定制程序 15
2.5 Bootstrap 的深度定制 17
2.6 下载 Bootstrap 源代码 18
2.7 编译 LESS 文件 20
2.7.1 使用 SimpLESS 编译 LESS 文件 21

2.7.2　使用 WinLess 编译 LESS 文件 ·········· 22
2.7.3　使用命令行编译 LESS 文件 ·········· 23
2.8　整合 ·········· 23
2.9　小结 ·········· 31

第 3 章　使用 Bootstrap 栅格 ·········· 32

3.1　使用 Bootstrap 栅格类 ·········· 33
  3.1.1　添加行与列 ·········· 34
  3.1.2　为小型设备定制栅格 ·········· 37
  3.1.3　为列添加偏移 ·········· 39
  3.1.4　推拉列 ·········· 40
  3.1.5　嵌套列 ·········· 42
3.2　使用 Bootstrap 变量和 mixin ·········· 44
  3.2.1　Bootstrap 栅格变量 ·········· 45
  3.2.2　Bootstrap 栅格 mixin ·········· 45
3.3　使用 Bootstrap 栅格 mixin 和变量创建博客布局 ·········· 46
3.4　小结 ·········· 57

第 4 章　使用基本 CSS 样式 ·········· 58

4.1　实现 Bootstrap 基本 CSS 样式 ·········· 59
  4.1.1　标题 ·········· 59
  4.1.2　页面主体 ·········· 63
  4.1.3　排版元素 ·········· 64
  4.1.4　表格 ·········· 78
  4.1.5　按钮 ·········· 82
  4.1.6　表单 ·········· 84
  4.1.7　代码 ·········· 88
  4.1.8　图片 ·········· 90

	4.1.9 字体系列	91
	4.1.10 字体尺寸	92
4.2	使用 LESS 变量自定义基本 CSS 样式	93
4.3	小结	97

第 5 章 添加 Bootstrap 组件 98

5.1	组件及其用途	99
	5.1.1 字体图标	99
	5.1.2 导航标签页	102
	5.1.3 胶囊式标签页	104
	5.1.4 两端对齐的标签和胶囊式标签	105
	5.1.5 下拉菜单	106
	5.1.6 导航条	108
	5.1.7 路径导航	111
5.2	小结	113

第 6 章 组件的更多功能 114

6.1	用组件简化网页设计项目	115
	6.1.1 巨幕	116
	6.1.2 页头	117
	6.1.3 well	118
	6.1.4 徽章	119
	6.1.5 标签	120
	6.1.6 进度条	121
	6.1.7 面板	122
	6.1.8 缩略图	125
	6.1.9 分页	126
	6.1.10 列表组	128

6.1.11　按钮组 ··· 129
　　　6.1.12　按钮工具栏 ·· 132
　　　6.1.13　分裂式按钮下拉菜单 ····································· 133
　　　6.1.14　两端对齐排列的按钮组 ·································· 135
　　　6.1.15　复选框和单选按钮 ·· 135
　　　6.1.16　警告框 ··· 137
　　　6.1.17　媒体对象 ·· 139
　　　6.1.18　具有响应式特性的嵌入内容 ····························· 140
　6.2　小结 ··· 143

第7章　使用 JavaScript 增强用户体验 ······························ 144
　7.1　使用官方插件简化项目设计 ···································· 145
　　　7.1.1　工具提示 ·· 145
　　　7.1.2　弹出框 ··· 147
　　　7.1.3　折叠面板 ·· 149
　　　7.1.4　滚动监听 ·· 152
　　　7.1.5　模态窗 ··· 156
　　　7.1.6　轮播 ·· 158
　7.2　小结 ··· 160

第8章　Bootstrap 技术中心——Bootstrap 工具介绍 ············ 161
　8.1　主题和模板 ·· 162
　　　8.1.1　开源主题和模板 ·· 162
　　　8.1.2　商业主题和模板 ·· 163
　8.2　现成的资源和插件 ·· 164
　　　8.2.1　Font Awesome ·· 164
　　　8.2.2　Bootstrap 的 Social Buttons ······························ 165
　　　8.2.3　Bootstrap Magic ·· 165

- 8.2.4 Jasny Bootstrap ... 166
- 8.2.5 Fuel UX ... 167
- 8.2.6 Bootsnipp ... 169
- 8.2.7 Bootdey ... 170
- 8.2.8 BootBundle ... 172
- 8.2.9 Start Bootstrap ... 172

8.3 开发工具和编辑器 ... 173
- 8.3.1 Bootply ... 173
- 8.3.2 LayoutIt ... 174
- 8.3.3 UI Bootstrap ... 175
- 8.3.4 Kickstrap ... 175
- 8.3.5 ShoeStrap ... 175
- 8.3.6 StrapPress ... 175
- 8.3.7 Summernote ... 176

8.4 官方的 Bootstrap 资源 ... 176
- 8.4.1 Bootlint ... 176
- 8.4.2 Bootstrap with SaaS ... 176
- 8.4.3 Bootstrap Expo ... 177

8.5 小结 ... 177

第 1 章　Bootstrap 入门

网站的样式化与布局展示是我们必须面对的问题，因为它在我们打造卓越的用户体验中扮演了重要的角色。因此，我们必须掌握一些设计上的技巧，才能创建出具有吸引力的网站。当项目的截止日期迫在眉睫时，你会意识到这样的任务是多么的麻烦。目前，已经出现了许多工具包和框架，可以让网页设计的任务变得轻松简单一些，但其中最出色的是一个开源的框架——Bootstrap。

从 2013 年起，Bootstrap 就成为了代码共享平台 GitHub 上最流行的项目之一。它拥有出色的社区支持和庞大的生态系统，围绕着它出现了各种各样的模板和扩展。有了模块化的方法，Bootstrap 可以为我们节省大量的时间和精力，让我们可以将关注点放在网页开发项目中的核心部分上。Twitter 最初发布 Bootstrap 只是为了在他们内部的网页设计和开发项目中保持一种一致性，随后 Bootstrap 不断发展，并且在第 3 版发布时遵循了开源的 MIT 许可。

1.1　移动优先的设计

随着手机和平板电脑的出现，响应式网页设计成为了当前人们的需要。在早期，我们使用的是平稳降级的方法，用这种方法我们可以先为桌面电脑构建一个网站，然后去掉一些特性，让它适应小屏幕的尺寸。这样生成的网站只具备少量的功能，浏览体验是打了折扣的，水准也比较低。

随着 Bootstrap 3 的发布，移动优先（mobile-first）的方法也被引入，这种方法可以帮助我们创建能够在移动平台上有效发挥作用的网站，而不会受到平台的种种限制。这种方法也考虑到移动设备的局限，构建的网站具有很好的跨浏览器的兼容性，为网站用户提供了极其出色的移动体验。通过使用渐进增强（progressive enhancement）技术，我们还可以为桌面用户添加其他特性，显著地提升网站的可访问性。因此，这样做出来的网站足以应对各种各样的变化，无论用户使用的是 iPad、Windows PC 还是其他平台。

例如，我们考虑为网页设计一个导航条，在桌面屏幕上，网页显示如图 1-1 所示。

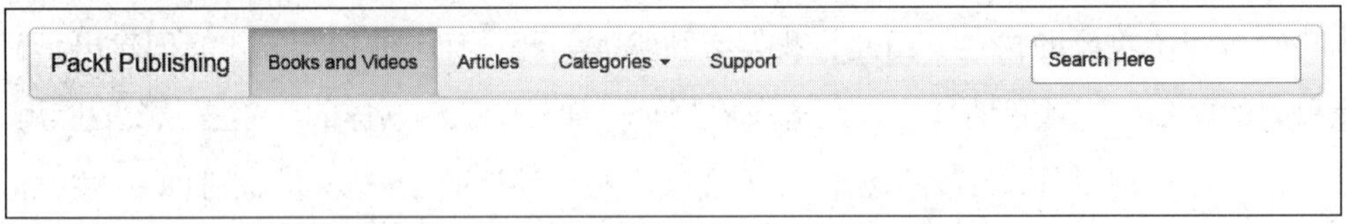

图 1-1

很明显，网站把导航条的 Packt Publishing 标识显示在 Books and Videos、Articles、Categories 和 Support 这些菜单项的旁边，而搜索框则出现在右边。

但是，当网页在小屏幕的手机上显示时，效果如图 1-2 所示。

单击移动屏幕右上角可展开的移动导航图标，就会出现如图 1-3 所示界面。

通过上面几幅图的演示，我们可以从中了解到 Bootstrap 所使用的移动优先的方法。

图 1-2

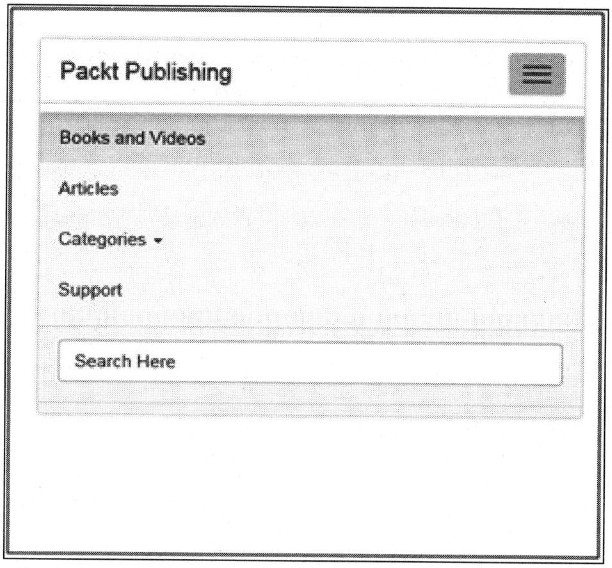

图 1-3

1.2 为什么选择 Bootstrap

Bootstrap 可以说是"开箱即用",因为它为我们带来了不可思议的响应式栅格系统(Grid system)和基本 CSS 样式(Base CSS),其中包含的扩展类可以实现并增强各种元素的样式化效果,涵盖了从排版、按钮、表格、表单到图片等各种各样的元素。此外，它还拥有大量的组件，有字体图标（Glyphicon）、响应式导航条、路径导航（BreadCrumbs）、警告等；另外还有很多官方的插件，例如模态窗（Modal）、轮播（Carousel）和弹出框（PopOver）等，Bootstrap都已经帮我们准备好了。所以，只要对HTML和CSS有基本的了解，就可以理解Bootstrap并在项目中进行应用，使之成为网页设计中最关键的工具。

现在，我们来看看为什么说Bootstrap是网页设计中一种前途无量的框架：

- **可重用性**：在网页设计中，模块化的开发模式深受人们的喜爱，因为我们不必为设计的各个部分重写代码。Bootstrap具有现成的组件、CSS样式以及可以直接在代码中引用的插件，这样的特性可以显著地节省时间和精力，实现快速开发。此外，这样也可以减轻对代码的维护，以便高效地组织代码。

- **一致性**：代码简单易读对设计师而言是至关重要的，对于一起工作或被安排到同一项目中的设计师来说，也同样如此。如果代码简单易读，他们就可以很好地理解代码并进行修改和变更。由于Bootstrap使用了现成的代码片段，且这些片段在不同的浏览器间是完全兼容的，所以我们的设计过程也是高度一致的。对于构建同样的项目或者在不同的项目上实现同一类功能的新设计师来说，这也大大降低了他们的学习曲线。

- **灵活的栅格布局**：Bootstrap拥有一个默认的栅格系统，可以随着屏幕尺寸的增加最多扩展到12列，并可以灵活地选择固定或不固定的响应式栅格。除此之外，Bootstrap的灵活性还体现在可以添加任意数量的自定义列，这可能需要逐行地使用它内置的LESS变量和mixin。通过变量和mixin，可以决定列的数量、列间距（gutter）宽度以及媒体查询点（这个点描述了让列浮动的触发门槛，并为单独的栅格列生成语义化的CSS），偏移与嵌套也可以被轻松地实现，只需几行代码即可。通过媒体查询和响应式工具类，还可以对某些内容块进行操作，让它们根据屏幕尺寸出现或隐藏。

- **定制化**：可以使用Bootstrap内置的"定制"（Customize）选项对其进行大量的定制。在这个选项中可以选择希望使用的特性，或者去掉不需要的特性，使Bootstrap尽可能地避免臃肿。除了使用LESS文件进行CSS预处理，还可以使用自定义的 CSS 表覆盖 Bootstrap 的默认样式。通过 LESS，可以使用一些变量和 mixin 更改几乎所有已定义的默认属性。此外，还可以使用高级的 JavaScript 定义一些插件（比如模态窗和警告框这样的插件）的工作方式。由于最新版的 Bootstrap 引入了 SaaS 兼容性和定制化，可以使用其创建出复杂、可交互的网站。

- **第三方广泛参与的活跃社区**：Bootstrap 有一个活跃的开发者社区，也有大量的第三方支持，不断涌现出各种各样的即兴之作。比如 Bootlint，这是一个 HTML 的 lint[⊖] 工具，提供给使用 Vanilla Bootstrap 的项目使用，该工具是最近才发布的，用来帮助人们识别出 Bootstrap 的错误用法；还有像 AngularJS 这样的 JavaScript 框架，与 Bootstrap 一结合，也就有了 Mobile Angular UI 这样的产物，它是专门为基于移动平台的设计而定制的；最近的另一项发展则是 Bootstrap 的安装使用了 Node 包管理器。目前，出现了 Bootstrap Bay（http://bootstrapbay.com/）、Bootply（http://www.bootply.com/）以及 Bootsnipp（http://bootsnipp.com/）等一些第三方网站，上面提供了各种各样的模板、编辑器、生成器，还有一些量身定做的代码片段，可以帮助人们简化使用 Bootstrap 进行网页设计的过程。

- **面向未来和开放式的开发**：Bootstrap 的开发是通过 GitHub 来实施的。我们可以跟踪到所有已经执行的修改、查看待解决的问题记录、方便地报告 Bootstrap 相关的错误和 bug，也可以对 Bootstrap 的未来发展贡献自己的力量。我们还可以在官方网站上找到该项目的发展路线图，还有其他一些内容，比如向后的兼容性问题以及在不久的将来 Bootstrap 所要应对的挑战。Bootstrap 是一个集成了 HTML5 和 CSS3 的框架，也集成了大量的工具集和实用程序，它将成为其他框架的标杆，也必将是推动未来设计与开发这一车轮转动的重要力量。

⊖ lint 是一种工具程序的名称，它用来标记源代码中某些可疑的、不具结构性（可能造成 bug）的段落。——译者注

1.3 小结

在本章,我们初步了解了 Bootstrap 以及为什么要在网页设计项目中使用 Bootstrap。我们明白了 Bootstrap 采用的移动优先方法,也知道了在移动和平板设备逐渐成为网页浏览第一媒介的时代下这种方法的重要意义。在第 2 章,我们将学习在项目中安装 Bootstrap 的不同方法,也将学习如何对它进行定制,构建出令人印象深刻的网站。

第 2 章

Bootstrap 的安装与定制

将 Bootstrap 集成到项目中的方法有好几种，我们还可以根据自己的需要和使用目的，对 Bootstrap 进行定制。有时候，我们需要对 Bootstrap 做一些小的调整，比如添加颜色或者改变字体大小。对于这样的定制，我们需要创建自定义的 CSS，并将其添加到 Bootstrap 的 CSS 文件后面。但是，我们有时还需要对 Bootstrap 进行更深入的定制，比如使用自己的语义化的 CSS 类或元素。但在这样的场景中，我们需要在包含 Bootstrap CSS 的同时也包含自己的 CSS，那么可能会使得文件变大，下载时间变长，缺乏效率。

在本章，我们将介绍在项目中使用 Bootstrap 的几个方面的内容，分别是：

- 在项目中包含 Bootstrap
- Bootstrap 内容分发网络（Content Delivery Network，CDN）
- 用自定义的 CSS 进行覆盖
- Bootstrap 定制程序
- Bootstrap 的深度定制
- 编译 LESS 文件

2.1 在 HTML 文件中包含 Bootstrap

首先，我们到官方网站（http://getbootstrap.com/）下载 Bootstrap，并将它包含在自己的 HTML 文件中，暂时不需要对它进行定制。

访问网站后，请单击 Download Bootstrap（下载 Bootstrap）按钮（如图 2-1 所示），文件将会以 ZIP 格式下载。这个 ZIP 文件包含了 Bootstrap CSS、JavaScript 和字体文件，目录结构如下所示[译]：

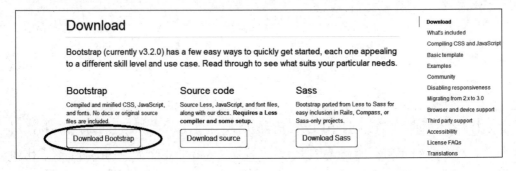

图 2-1

```
bootstrap
|____css
| |____bootstrap.css
| |____bootstrap.min.css
| |____bootstrap.css.map
| |____bootstrap-theme.css
| |____bootstrap-theme.min.css
| |____bootstrap-theme.css.map
|____fonts
| |____glyphiconshalflings-regular.eot
| |____glyphiconshalflings-regular.svg
| |____glyphiconshalflings-regular.ttf
| |____glyphiconshalflings-regular.woff
|____js
| |____bootstrap.js
| |____bootstrap.min.js
```

请解压 Bootstrap.zip 文件并将其中的内容复制到项目的目录中，下一步就是在 HTML 文件中包含 CSS 和 JavaScript 文件。

⊖ 不同的版本下载到的文件略微有点差异。——译者注

我们看看如果要在 HTML 文件中使用 Bootstrap，文件的结构应该是什么样的。

```
<!DOCTYPE html>
<html>
<head>
<title> Learning Bootstrap with Packt </title>
<meta charset="UTF-8">
<meta name="viewport" content="width=device-width, initial-scale=1.0">
<!-- Bootstrap -->
<link href="css/bootstrap.min.css" rel="stylesheet" media="screen">
<link href="css/custom.css" rel="stylesheet" media="screen">
</head>
<body>
<h1> Welcome to Packt </h1>

<!-- JavaScript plugins (requires jQuery) -->
    <script src="https://ajax.googleapis.com/ajax/libs/jquery/1.11.1/jquery.min.js"></script>
<!-- Include all compiled plugins (below), or include individual files as needed -->
    <script src="js/bootstrap.min.js"></script>
<!-- Inlcude HTML5 Shim and Respond.js for IE8 support of HTML5 elements and media queries -->
    <script src="https://oss.maxcdn.com/html5shiv/3.7.2/html5shiv.min.js">
    </script>
    <script src="https://oss.maxcdn.com/respond/1.4.2/respond.min.js">
    </script>
</body>
</html>
```

这段代码执行后的输出结果如图 2-2 所示。

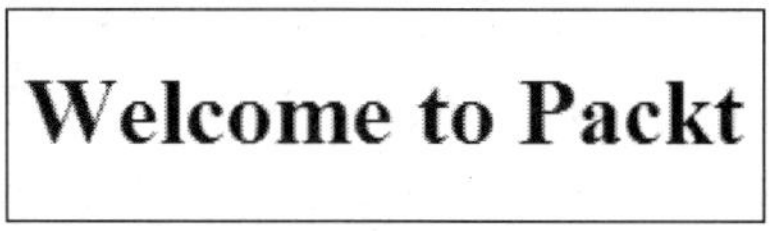

Welcome to Packt

图 2-2

我们来讨论一下这段代码，弄清楚它是如何工作的。

在上面的示例代码中，在 `<head>` 部分，Bootstrap CSS 被链接到这个 HTML 文件中。在 Bootstrap 的 CSS 后面紧跟着的是一个自定义的 CSS 文件，该文件可以为我们覆盖 Bootstrap 的样式。从中还可以看到，我们使用了 `<meta charset="UTF-8">` 标签。当网页在本地（通过磁盘的文件系统）打开的时候，`text/html` 部分会告诉网页浏览器该文档属于哪种类型，让浏览器知道如何进行解析，而 `charset=UTF-8` 这个值则告诉网页浏览器应该使用哪种字符编码显示网页上的字符，这样浏览器就不会使用平台的默认编码。接着，我们又在 `<body>` 部分链接了 jQuery 和 JavaScript 文件。此外，我们还加上了 HTML shiv 元素的链接，以及对 `respond.js` 文件的链接，从而对 IE 和媒体查询提供支持。`respond.js` 提供了一个便捷轻量的脚本，使那些不支持 CSS3 媒体查询的浏览器（特别是 IE6 ~ IE8）支持响应式网页设计。

仔细查看前面的代码，可以看到我们使用了 Bootstrap 的压缩版本，即 `bootstrap.min.js` 和 `bootstrap.min.css`，来减小文件大小，使得网站的加载速度更快。你也可以根据自己的喜好，先在开发阶段使用完整的版本，然后在试运行时使用压缩的版本。

2.2 Bootstrap CDN

在前面的示例代码中，我们对 HTML5 `shiv` 元素和 `respond.js` 文件使用了 CDN。

所谓 CDN，就是一个通过互联网部署在多个数据中心上的大型的分布式服务器系统。使用 CDN 意味着可以节省大量带宽，因为我们不再需要从自己的服务器上下载文件。我们可以受益于性能上的显著提升，因为浏览器可以并行地加载从 CDN 下载的各种文件，由于这些文件处在不同的域中，下载时不需要一个一个进行排队。此外，CDN 提供的数据中心会更接近用户，也就是说，CDN 通常是根据用户的位置和更快的路由速度来选择服务器的。因此，文件自然可以得到更快的加载。在某些情况下，CDN 还会抽取出文件加载的需求。比如说，有大量的网站使用了 Bootstrap CDN，如果网站的用户之前已经访问过其中的某一个网站，浏览器就会使用这些 Bootstrap 文件的相同副本，不需要再次从网上加载 Bootstrap，从而提升网站的性能。

> 💡**提示** 下载示例代码 本书的示例代码可以从华章网站（www.hzbook.com）下载。

加入 CDN 链接之后，前面这个例子的代码基本结构如下：

```html
<!DOCTYPE html>
<html>
<head>
<title> Learning Bootstrap with Packt </title>
<meta charset="UTF-8">
<meta name="viewport" content="width=device-width, initial-scale=1.0">
<!-- The Bootstrap minified CDN CSS Link -->
<link rel="stylesheet" href="//maxcdn.bootstrapcdn.com/bootstrap/3.2.0/css/bootstrap.min.css">
<link href="css/custom.css" rel="stylesheet" media="screen">
</head>
<body>
<h1> Welcome to Packt </h1>
<!-- JavaScript plugins (requires jQuery) -->
<script src="https://ajax.googleapis.com/ajax/libs/jquery/1.11.1/jquery.min.js"></script>
<!-- The Bootstrap minified JavaScript CDN link -->
<script src="//maxcdn.bootstrapcdn.com/bootstrap/3.2.0/js/bootstrap.min.js"></script>
<!-- Include HTML5 Shim and Respond.js for IE6-8 support of HTML5 elements and media queries -->
<script src="https://oss.maxcdn.com/html5shiv/3.7.2/html5shiv.min.js">
</script>
<script src="https://oss.maxcdn.com/respond/1.4.2/respond.min.js">
</script>
</body>
</html>
```

如果使用 CDN 的话，必须保持网络通畅；如果处于离线状态，一定要使用下载到的 ZIP 文件中的 Bootstrap CSS 和 JavaScript 文件。我们可以通过以下链接下载离线状态下使用的压缩版和未压缩版的 jQuery JavaScript 文件：http://jquery.com/download/。

此外，我们还要在 GitHub 网站下载 respond.js 文件并在项目中引用它。respond.js 文件的下载链接是：https://github.com/scottjehl/Respond。

请单击图 2-3 中的 Download ZIP（下载 ZIP）按钮。

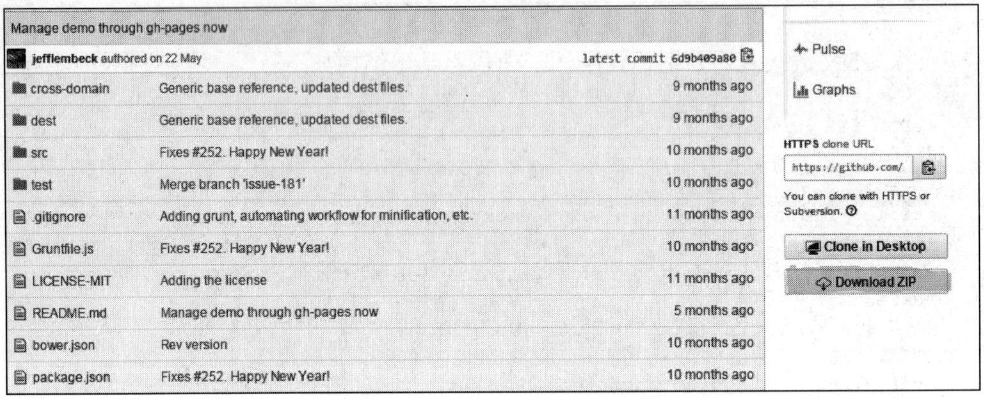

图 2-3

解压 respond.js zip 文件后，在解压出来的文件中，进入 dest 目录并复制 respond.min 这个 JavaScript 文件，然后把它放在 JavaScript 目录中并引用该文件。不过，网站只有在线上才能发挥作用，所以在 Web 项目中使用 CDN 是一种好的实践。

 注意　在本书中，我们会在一些章节中使用 CDN，这样你就应该不会被 HTML 文档中的各种代码弄得摸不着头脑。为了清晰起见，避免过于复杂，我们会坚持使用 CDN 方法。

2.3　用自定义的 CSS 进行覆盖

定制 Bootstrap 最简单的方法就是创建自定义的 CSS 文件，在其中放置自己的 CSS 代码。这种自定义的 CSS 文件的链接必须放到 HTML 文档中 Bootstrap CSS 的后面，才能够覆盖 Bootstrap CSS 的声明。

看看下面的代码，有助于更好地理解：

```html
<!DOCTYPE html>
<html>
<head>
<title>BootStrap with Packt</title>
<meta charset="UTF-8">
<meta name="viewport" content="width=device-width, initial-scale=1.0">
<!-- Latest Bootstrap CDN CSS -->
<link rel="stylesheet" href="https://maxcdn.bootstrapcdn.com/bootstrap/3.2.0/css/bootstrap.min.css">
</head>
<body>
<h1>Welcome to Packt</h1>
<button type="button" class="btn btn-default btn-sm" id="packt">PACKT LESSONS</button>
<!-- Latest compiled and minified JavaScript -->
<script src="https://maxcdn.bootstrapcdn.com/bootstrap/3.2.0/js/bootstrap.min.js"></script>
</body>
</html>
```

在上面的示例代码中,我们并没有包含外部的样式表。代码执行后的输出结果如图 2-4 所示。

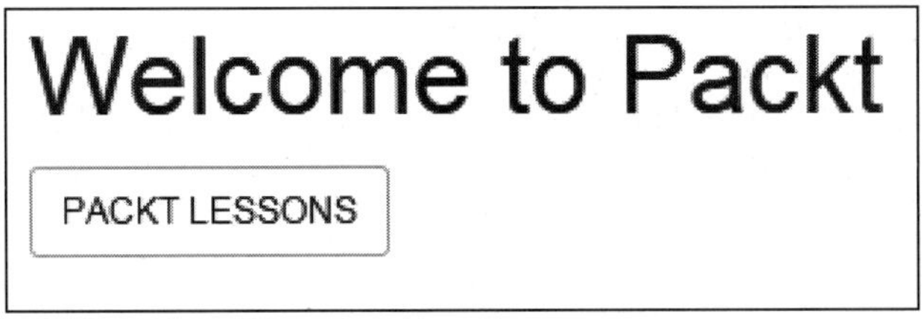

图 2-4

考虑与前面一样的 HTML 代码,我们让它链接到一张外部样式表 custom.css,添加链接之后,代码如下:

```html
<!DOCTYPE html>
<html>
<head>
<title>BootStrap with Packt</title>
<meta charset="UTF-8">
<meta name="viewport" content="width=device-width, initial-
```

```
scale=1.0">
<!-- Latest Bootstrap CDN CSS -->
<link rel="stylesheet"
href="https://maxcdn.bootstrapcdn.com/bootstrap/3.2.0/css/
bootstrap.min.css">
<link href="custom.css" rel="stylesheet" media="screen">
</head>
<body>
<h1>Welcome to Packt</h1>
<button type="button" class="btn btn-default btn-sm"
id="packt">PACKT LESSONS</button>
<!-- Latest compiled and minified JavaScript -->
<script
src="https://maxcdn.bootstrapcdn.com/bootstrap/3.2.0/js/bootstrap.
min.js"></script>
</body>
</html>
```

> 提示　CSS 文件应该与 HTML 文档放在同一个目录中。如果不是的话，就需要指明样式表的位置。

现在，我们来编写 custom.css 文件的代码：

```
#packt  {
  padding: 19px 30px;
    -webkit-border-radius: 35px;
    -moz-border-radius: 35px;
  border-radius: 35px;
  color: red
}
```

保存 custom.css 文件之后，之前代码的输出结果如图 2-5 所示。

图　2-5

我们可以看到，ID 为 packt 的 PACKT LESSONS 按钮显示的效果是不一样的，这是因为我们为它设定了 border-radius 值，并将颜色设置为 red。

> **提示** 请将所有的定制样式放在自己的 CSS 文件中，而不是直接对 Bootstrap 文件进行修改，这样才是一种好的实践方式。这种方法对我们会比较有帮助，特别是当 Bootstrap 出现新的版本，而我们要进行升级的时候，只需要将项目文件夹中的 Bootstrap 文件替换为最新的文件即可（这样可以在以后较新的版本中支持向后兼容）。

2.4 使用 Bootstrap 定制程序

某些情况下，我们可能只需要 Bootstrap 所包含的一小部分特性。在这样的场景中，我们可以通过 Bootstrap 的定制程序来实现，我们可以单击 Bootstrap 官方网站上的 Customize（定制）图标（见图 2-6）。

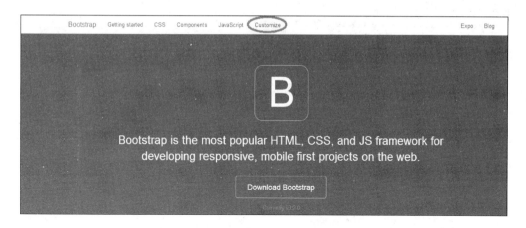

图 2-6

单击 Customize 之后，可以看到如下界面（见图 2-7）。

在其中取消我们在项目中不需要用到的特性，接着就可以单击 Compile and Download（编译并下载）按钮（见图 2-8）。

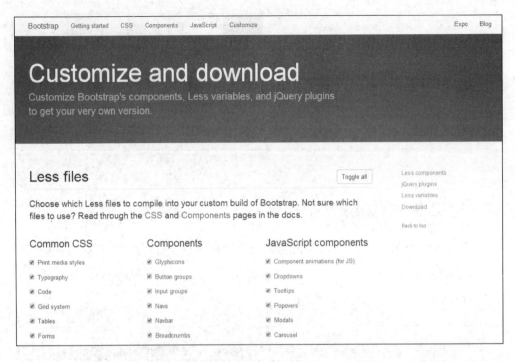

图 2-7

图 2-8

单击该按钮后，我们可以得到一个 ZIP 文件，它的目录结构和正常下载得到的文件目录结构是一样的，但是文件会更小一点，这取决于我们为项目所选择的特性的多少。因为我们只需要加载指定的特性，而非全部特性，这样可以使我们的网站具有更加出色的性能，可以被更快地加载。

> **提示** 如果以后要将 Bootstrap 升级到最新的版本，则必须记住之前定制的过程并重复相同的步骤。

2.5　Bootstrap 的深度定制

如果我们要快速地实现一些东西，或者只是稍微修改一下 Bootstrap，那么添加自己的样式表就已经足够了。如果要对 Bootstrap 进行较大的定制，就必须使用未编译的 Bootstrap 源代码。Bootstrap 的 CSS 源代码是用 LESS 编写的，使用了一些变量和 mixin，使得我们可以轻松地实现定制。

> **注意** LESS 是一个开源的 CSS 预处理程序，具有非常优良的特性，可以提升我们的开发速度。LESS 使得我们的工作变得高效率和模块化，可以更加轻松地对项目中的 CSS 样式进行维护。

在 LESS 中使用变量的好处很多，我们可以多次重用相同的代码，从而实现一次编写，随处使用。这些变量还可以进行全局声明，这样就可以在一个专门的地方指定变量的值。如果这些值需要改变的话，只要更新一次就行了。

LESS 变量还允许我们在一个单独的文件中指定一些被广泛使用的值，比如颜色、字体系列和大小等。所以，我们只要修改一个单独的变量，它的变化将在所有使用到该变量的 Bootstrap 组件上反映出来。例如，如果我们要将 body 元素的背景色修改为绿色（绿色的十六进制值是 #00FF00），只要对 Bootstrap 中一个名为 @body-bg 的变量值进行修改就可以了，代码如下：

```
@body-bg: #00FF00;
```

mixin 的作用与变量类似，但它针对的是整个类。mixin 允许我们将一个类的属性嵌入到另一个类中，使得我们可以将多行代码一起放在一个组中，从而可以在整个样式表中多次使用。mixin 也可以搭配变量和函数一起使用，从而实现多重继承。例如，如果我们要为一篇文章添加 clearfix，可以使用表 2-1 左列显示的 .clearfix mixin，它相当于表 2-1 右列中显示的已编译 CSS 代码中包含的所有 clearfix 声明。

表 2-1

article
{
    .clearfix;
}
	{
	article:before,
	article:after
	{
	content: " "; // 1
	display: table; // 2
	}
	article:after
	{
	    clear: both;
	}
	}

 clearfix mixin 可以让元素自动地清除它后面的东西，这样就不需要添加额外的标记。它通常只是在浮动布局中使用，在这种布局中元素将会被水平浮动堆放。

2.6 下载 Bootstrap 源代码

如果要对 Bootstrap 进行深度的修改定制，我们可以下载包含了 LESS 文件和其他组件的 Bootstrap 源代码包。获取这一源代码有几种方法，最简单的方法是从官方网站上下载，地址是 http://getbootstrap.com/getting-started/#download。参照图 2-9，请单击突出显示的按钮下载源代码。

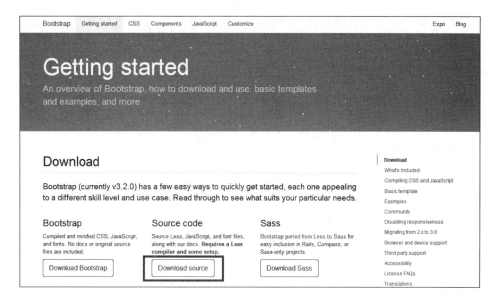

图　2-9

单击 Download source（下载源代码）按钮之后，我们可以得到一个 ZIP 格式的源代码包，解压之后就可以得到如图 2-10 所展示的内容。我们可以看到其中的 less 目录和其他各种工具，比如 grunt 任务运行工具和其他与源代码相关的元素。

Name	Type	Compressed size	Password ...
dist	File folder		
docs	File folder		
fonts	File folder		
grunt	File folder		
js	File folder		
less	File folder		
test-infra	File folder		
.editorconfig	EDITORCONFIG File	1 KB	No
.gitattributes	GITATTRIBUTES File	1 KB	No
.gitignore	GITIGNORE File	1 KB	No
.travis.yml	YML File	2 KB	No
_config.yml	YML File	1 KB	No
bower.json	JSON File	1 KB	No
CNAME	File	1 KB	No
composer.json	JSON File	1 KB	No
CONTRIBUTING.md	MD File	4 KB	No
Gruntfile	JScript Script File	4 KB	No
LICENSE	File	1 KB	No
package.json	JSON File	1 KB	No
README.md	MD File	3 KB	No

图　2-10

还有另外一种方法下载源代码，那就是从 GitHub 获取完整的源代码，地址是 https://github.com/twbs/bootstrap。请在如图 2-11 所示的页面上，单击其中突出显示的链接，获得 ZIP 格式的源代码。

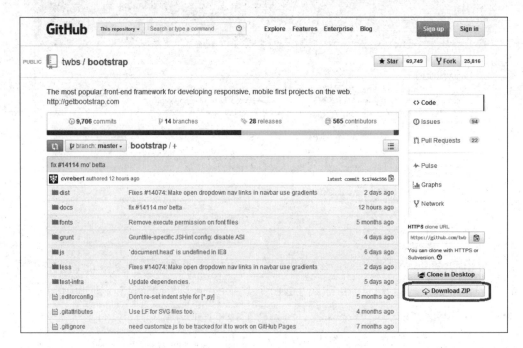

图 2-11

解压之后，我们会发现这些源代码与我们在官方网站上下载到的内容非常类似，从解压的代码包中可以看到所有组件、LESS 文件和其他文件夹。

 我们也可以使用 Bower 网络包管理工具来获取代码（http://bower.io/）。要使用这种方法，请在项目所在目录下运行 `bower install bootstrap` 命令来下载 Bootstrap。

2.7 编译 LESS 文件

我们可以用两种不同的方法编译 Bootstrap 文件，既可以使用 SimpLESS 或

WinLess 这样的 GUI（图形用户界面）程序编译 LESS 文件，也可以根据自己的喜好通过命令行的方式编译。

2.7.1 使用 SimpLESS 编译 LESS 文件

SimpLESS 是由 KISS（德国的一个机构）开发的产品，我们可以通过它的官方网站（http://wearekiss.com/simpless）下载。它是一个多平台的工具，可以在 Windows、Mac 和 Linux 平台上使用。

安装了 SimpLESS 之后，可以看到如图 2-12 所示的界面。

图 2-12

我们要把 `bootstrap.less` 文件从 `less` 文件夹拖放到 SimpLESS 中。SimpLESS 提供了即时编译功能，也就是说只要我们修改并保存 LESS 文件，它就会自动地把文件编译成 `bootstrap.css`。SimpLESS 还包含了许多强大的特性，比如代码压缩、即时通知和自动的 LESS 更新程序。

2.7.2 使用 WinLess 编译 LESS 文件

WinLess 是一个 Windows 平台上的 GUI 工具，可以将 LESS 转换为 CSS。我们可以在 WinLess 的官方网站（http://winless.org）上下载这一工具，如图 2-13 所示。

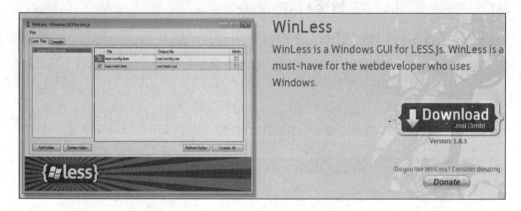

图　2-13

下载好这个工具之后，我们需要打开安装程序并单击 Run（运行）按钮，工具运行之后将会出现如图 2-14 所示界面。

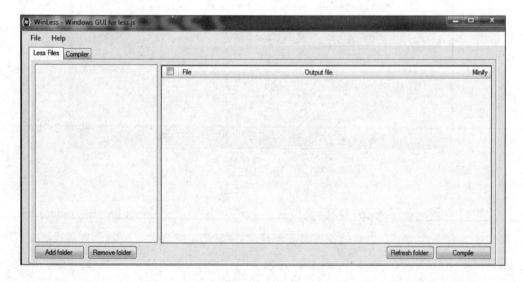

图　2-14

在图 2-14 的界面中，我们可以添加包含 LESS 文件的文件夹或者把需要的文件夹拖放到文件夹面板中。单击 Compile（编译）按钮，LESS 到 CSS 的转换就会开始执行。我们只需要单击 Refresh folder（刷新文件夹）按钮，就可以看到文件夹中的变化。

在本章，我们将使用 WinLess 工具将 Less 文件转换为 CSS。

2.7.3　使用命令行编译 LESS 文件

我们也可以使用命令行，通过 NPM（Node 包管理器）命令来编译 LESS。当我们在计算机上安装 Node.js 的时候，NPM 会被同时安装。我们可以通过 Node.js 的官方网站（http://nodejs.org/download/）下载它的最新版本。

运行如下命令可以安装 LESS：

```
npm install -g less
```

安装了 LESS 之后，我们可以用下面的命令来使用它：

```
lessc bootstrap.less > bootstrap.css
```

要生成 CSS 文件的压缩版，可以在前面命令的基础上加上 `--yui-compress` 选项：

```
lessc --yui-compress bootstrap.less > bootstrap.min.css
```

如果想让文件在被修改时自动编译，我们也可以使用监视选项 `-w`。

2.8　整合

到目前为止，我们讨论了 Bootstrap 和 LESS 的各个方面。我们并没有在这个示例中使用 Bootstrap CSS CDN，因为我们打算修改 `bootstrap.less` 文件，我们将使用 WinLess 编译器将它编译为 `bootstrap.css`。

接下来，我们每一步都会使用到前面学到的知识：

1）下载 Bootstrap 文件并将其解压到一个文件夹中。

2）创建一个名为 `bootstrap_example` 的 HTML 文件，将它与 Bootstrap 文件

存放在同一个文件夹中。

这个 bootstrap_example HTML 文档的代码如下：

```html
<!DOCTYPE html>
<html>
<head>
<title>BootStrap with Packt</title>
<meta charset="UTF-8">
<meta name="viewport" content="width=device-width, initial-scale=1.0">
<!-- Downloaded Bootstrap CSS -->
<link href="css/bootstrap.css" rel="stylesheet">
<!-- JavaScript plugins (requires jQuery) -->
<script src="https://ajax.googleapis.com/ajax/libs/jquery/1.11.1/jquery.min.js"></script>
<!-- Include all compiled plugins (below), or include individual files as needed -->
<script src="js/bootstrap.min.js"></script>
</head>
<body>
<h1>Welcome to Packt</h1>
<button type="button" class="btn btn-default btn-lg" id="packt">PACKT LESSONS</button>
</body>
</html>
```

代码执行后的输出结果如图 2-15 所示。

图 2-15

3）Bootstrap 文件夹中包含了以下子文件夹和文件（见图 2-16）：

❑ css

❑ fonts

❑ js

❏ bootstrap_example.html

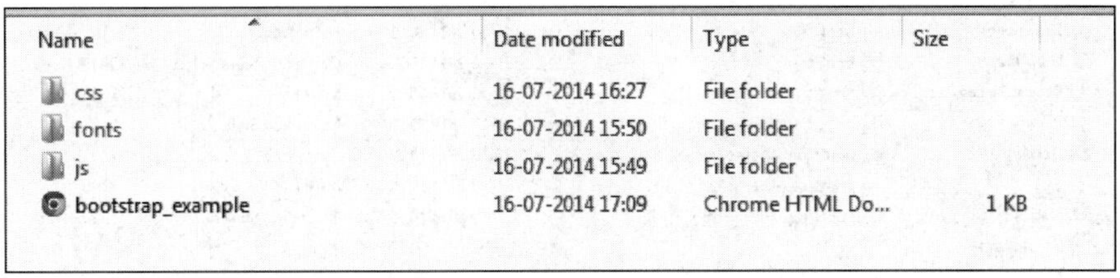

图 2-16

4）既然我们现在打算使用 Bootstrap 源代码，就必须先下载它的 ZIP 文件并把它保存起来。解压之后我们可以看到文件夹中的内容如图 2-17 所示。

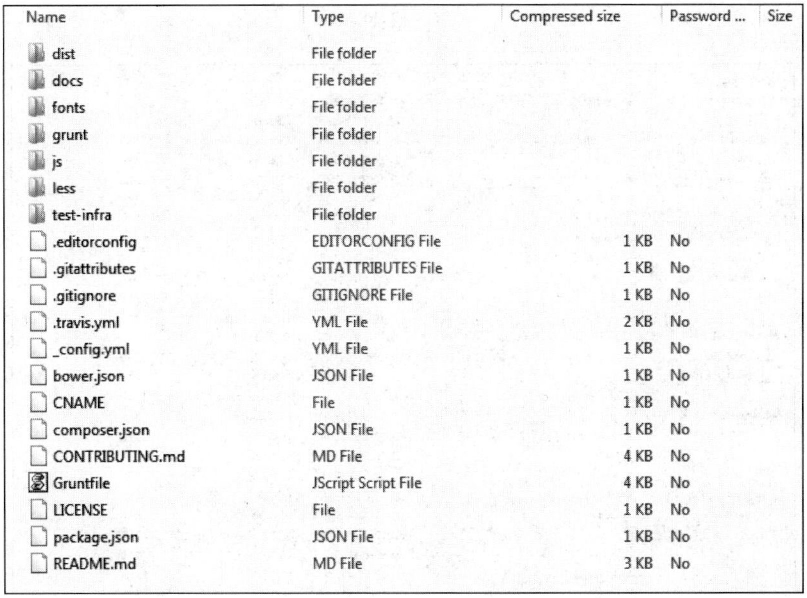

图 2-17

5）现在，我们在 css 文件夹中再创建一个新的文件夹，名为 bootstrap。css 文件夹中的内容如图 2-18 所示。

6）从源代码中复制 less 文件夹中的内容，并把它粘贴到 css 文件夹中新建的 bootstrap 文件夹内。图 2-19 显示了 css 文件夹中的 bootstrap 子文件夹下的内容。

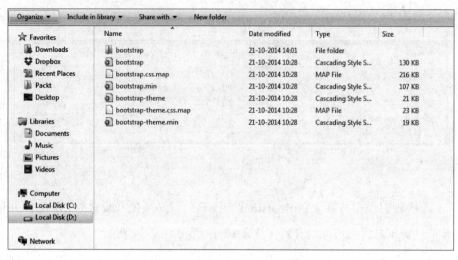

图 2-18

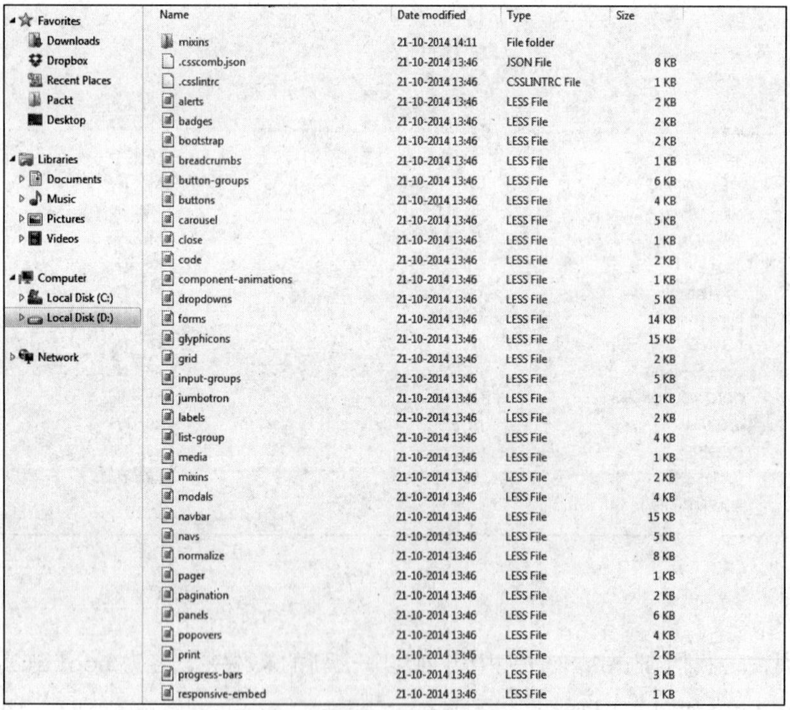

图 2-19

7）在bootstrap文件夹中，找到variable.less文件并用记事本或者

Notepad++ 打开。在这个例子中，我们使用的是简单的记事本。打开 `variable.less` 文件之后，我们可以看到文件的内容如图 2-20 所示。

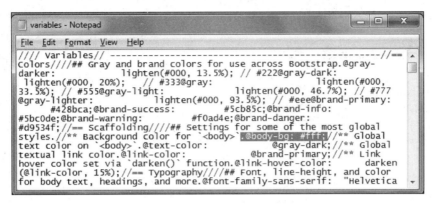

图 2-20

8）现在，我们可以看到 `@body-bg` 被赋予了默认值 `#fff` 作为颜色代码。如果要将 body 元素的背景色更改为绿色，就需要将其赋值为 `#00ff00`。修改后保存文件并在 `bootstrap` 文件夹中找到 `bootstrap.less` 文件。接下来，我们要用到 WinLess。

9）打开 WinLess 并将 `bootstrap` 文件夹的内容添加到其中。在文件夹面板中，可以看到它已经加载了所有的 `less` 文件，如图 2-21 所示。

图 2-21

10）现在，我们要先取消所有选中的文件，然后只选择 bootstrap.less 文件，如图 2-22 所示。

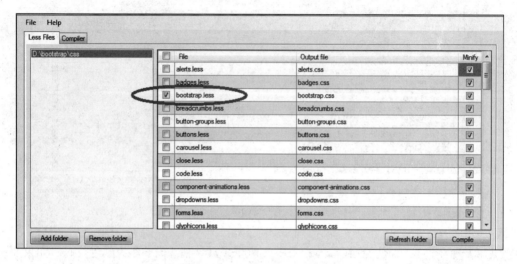

图　2-22

11）单击 Compile（编译）按钮，WinLess 将会把 bootstrap.less 文件编译为 bootstrap.css。请从 bootstrap 文件夹中复制编译好的新的 bootstrap.css 文件，将其粘贴到 css 文件夹中，替换原有的 bootstrap.css 文件。

12）现在我们有了更新过的 bootstrap.css 文件，回到 bootstrap_example.html 并执行它，执行之后，代码的输出结果如图 2-23 所示。

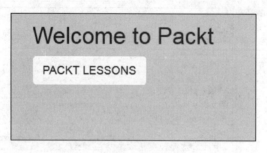

图　2-23

我们可以看到 <body> 元素的背景色变成了绿色，因为我们在链接到 bootstrap.less 文件的 variable.less 文件中对这个值进行了全局性的修改，

bootstrap.less 文件随后已经被 WinLess 编译为 bootstrap.css。我们可以使用 LESS 变量和 mixin 来自定义 Bootstrap，还可以导入 Bootstrap 文件添加自定义。

13）现在我们在 css 文件夹中创建自己的 less 文件，取名为 styles.less。我们将在 styles.less 文件中添加下面这行代码，用于包含 Bootstrap 文件。

```
@import "./bootstrap/bootstrap.less";
```

> **注意** 我们根据 bootstrap.less 文件的位置指定了路径 ./bootstrap/bootstrap.less。如果这个文件放在其他位置，务必要给出准确的路径。

14）现在，我们尝试进行一些定制，添加下面的代码到 styles.less 中：

```
@body-bg: #FFA500;
@padding-large-horizontal: 40px;
@font-size-base: 7px;
@line-height-base: 9px;
@border-radius-large: 75px;
```

15）下一步就是将 styles.less 文件编译为 styles.css，为此我们要再次使用 WinLess。我们必须取消选中所有的选项，只选择 styles.less 进行编译（见图 2-24）。

图 2-24

16）编译之后，styles.css 文件将会包含 Bootstrap 中所有的 CSS 声明。下一步就是把 styles.css 样式表添加到 bootstrap_example.html 文件中。

添加后的 HTML 代码如下：

```html
<!DOCTYPE html>
<html>
<head>
<title>BootStrap with Packt</title>
<meta charset="UTF-8">
<meta name="viewport" content="width=device-width, initial-scale=1.0">
<!-- Downloaded Bootstrap CSS -->
<link href="css/bootstrap.css" rel="stylesheet">
<!-- JavaScript plugins (requires jQuery) -->
<script src="https://ajax.googleapis.com/ajax/libs/jquery/1.11.1/jquery.min.js"></script>
<!-- Include all compiled plugins (below), or include individual files as needed -->
<script src="js/bootstrap.min.js"></script>
<link href="css/styles.css" rel="stylesheet">
</head>
<body>
<h1>Welcome to Packt</h1>
<button type="button" class="btn btn-default btn-lg" id="packt">PACKT LESSONS</button>
</body>
</html>
```

代码的输出结果如图 2-25 所示。

图　2-25

因为我们把背景色修改为橙色（#ffa500），还创建了圆角边框，并分别定义了 font-size-base 和 line-height-base，所以输出结果也发生了变化。

> **提示** LESS 变量添加到 styles.less 文件时应该放在 Bootstrap 的引用后面，这样它们才能够覆盖 Bootstrap 文件中定义的变量。简而言之，我们自己编写的所有自定义代码都应该添加到 Bootstrap 引用的后面。

2.9 小结

在本章，我们弄清楚了将 Bootstrap 集成到项目中的不同方法，也评估了哪一种定制 Bootstrap 的方法才适合我们的网页设计需求。通过实践的方式，我们在项目中包含 Bootstrap 并实现简单的定制，还进行了需要编译 LESS 变量的深度定制，从而完整介绍了安装和定制 Bootstrap 的全部概念。

在第 3 章，我们将学习 Bootstrap 栅格以及如何在项目中使用栅格。

Chapter 3 第 3 章

使用 Bootstrap 栅格

栅格（grid）提供了一种结构，我们可以将设计元素放在其中，有助我们在设计中实现一致性。在 Bootstrap 3 之前，我们必须添加专门的移动样式。而 Bootstrap 3 发生了改变，它本身就支持移动优先的方法，将移动样式集成到了核心之中。在手机的小屏幕上，所有的列都会堆叠起来；而在大屏幕上，栅格最多可以扩大到 12 列。Bootstrap 中的栅格系统可以帮助我们把 CSS 类添加到 HTML 文档中的块元素上，比如 <div>。

新的 Bootstrap 栅格系统适应移动优先的方法，因此，当我们声明特定的栅格尺寸时，实际上指定的是该尺寸或者更大的尺寸。也就是说，如果我们在 sm（small-screen-sized devices，小屏设备）上定义了尺寸，这一栅格尺寸也适用于 sm、md（mediun-screen-sized devices，中屏设备）和 lg（large-screen-sized devices，大屏设备）。我们会在这一章后面再作介绍，所以用不着因为眼下过多的描述而不知所措。

另外，我们也可以使用 LESS 变量和 mixin，以实现更好的定制和灵活性。在 Bootstrap 3 中，我们可以使用 Normalize.css 实现跨浏览器的渲染。

 Normalize.css 文件可以让浏览器以更加一致并符合现代标准的方式对所有的元素进行渲染，并精确地作用于需要标准化的样式。

在本章，我们将会涵盖以下主题：

- 使用 Bootstrap 栅格类
- 添加行与列
- 为列添加偏移
- 反转列的顺序
- 嵌套列
- 使用 Bootstrap 变量和 mixin
- 使用 Bootstrap 栅格 mixin 和变量创建博客布局

3.1 使用 Bootstrap 栅格类

我们可以将内容放在若干行和列之中，从而创建出页面的布局。为了能够根据屏幕的宽度设置页面内容的最大宽度，我们必须使用 .container 类。

> **注意** 容器可以帮助我们定义栅格系统使用的空间。

容器宽度的设置如下：

- 手机屏幕（分辨率小于 768px）：容器的宽度和屏幕的宽度一致。
- 平板屏幕（分别率在 768px 到 992px 之间）：容器的最大宽度是 750px。
- 小尺寸桌面屏幕（分别率在 992px 到 1200px 之间）：容器的最大宽度是 970px。
- 大尺寸桌面屏幕（分辨率超过 1200px）：容器的最大宽度是 1170px。

小尺寸手机屏幕、平板屏幕、小尺寸桌面屏幕和大尺寸桌面屏幕的类名前缀相应地分别是 .col-xs-、.col-sm-、.col-md- 和 .col-lg-。默认的列间距是 30px。

通常，我们必须对列间距（gutter）进行设置，因为列与列之间的白色空白区域可以让网站有更好的可读性，所以在自动化布局当中，对其进行设置是有意义的。Bootstrap 预设的列间距宽度是 30px。

虽然小型设备的列宽度是自动设置的，但是平板设备、小型桌面设备和大屏幕设备的列宽度分别是 62px、81px 和 97px。

为了更好地理解，我们来看看下面的代码：

```
<!DOCTYPE html>
<html>
  <head>
    <title>Using the Bootstrap Grid classes</title>
    <meta name="viewport" content="width=device-width, initial-scale=1.0">
    <!-- Bootstrap -->
    <link href="css/bootstrap.min.css" rel="stylesheet" media="screen">
  </head>
  <body>
    <div class="container">
    </div>
  </body>
</html>
```

代码中使用了文档类型 `<!DOCTYPE html>`，使得 HTML5 标签可以正确地在浏览器上显示。`viewport meta` 标签的作用是让移动设备响应式地显示网页，而不是以桌面尺寸显示。容器类所在的 `<div>` 标签将包含页面的内容。`container` 类表示响应式的固定宽度容器，对于占据视区（viewport）全部宽度的全宽容器来说，我们使用的是 `container-fluid` 类。

3.1.1 添加行与列

我们可以使用表示行和列的 CSS 类在页面上创建行和列。在创建列的时候，必须使用行来对它们进行水平分组，也只有列可以是行的直接子元素。通常，我们可以使用 `.col-md-` 栅格类的方法，让列在小型设备上以堆叠的方式显示，在桌面和大屏幕上则以水平方式显示。col 类在使用时必须用 .col-md-X 类（这里 X 表示块元素要占据的栅格单位宽度）这样的形式，才能设置列的宽度。

看看下面的代码可以更好地理解：

```html
<!DOCTYPE html>
<html>
  <head>
    <title>Using the Bootstrap Grid classes</title>
    <meta name="viewport" content="width=device-width, initial-scale=1.0">
    <!-- Bootstrap -->
    <link href="css/bootstrap.min.css" rel="stylesheet" media="screen">
  </head>
  <body>
    <div class="container">
      <h1> Welcome to Packt Publishing </h1>
      <p>An example to showcase the Bootstrap Grid classes</p>

      <div class="row">
        <div class="col-md-4">
          <h2>PacktPub</h2>
            <p>Packt is one of the most prolific and fast-
              growing tech book publishers in the world.
              Originally focused on open source software, Packt
              pays a royalty on relevant books directly to open
              source projects. These projects have received over
              $400,000 as part of Packt's Open Source Royalty
              Scheme to date.
            </p>
        </div>
        <div class="col-md-4">
          <h2>PacktLib: The Packt Online Library</h2>
          <p>
            PacktLib is Packt's online digital book library.
            Launched in August 2010, it allows you to access and
            search almost 100,000 pages of book content, to find
            the solutions you need.
          </p>
        </div>
        <div class="col-md-4">
          <h2>Work for Packt Birmingham</h2>
          <p>
            Packt Publishing is a young, ground-breaking computer
            book publishing company with a large and fast-growing
            online customer base. With a highly ranked website and
```

```
                innovating constantly into new business areas, we are
                at the cutting-edge of digital publishing, web
                marketing and e-commerce development. Our unique
                strategy of publishing highly-focused and practical
                technical books on new and ground-breaking
                technologies has driven rapid growth and we are now
                poised for expansion. This can be seen from our recent
                move to new offices in the heart of Birmingham.
            </p>
          </div>
        </div>
      </div>
    </body>
</html>
```

代码执行之后的输出如图 3-1 所示。

Welcome to Packt Publishing
An example to showcase the Bootstrap Grid classes

PacktPub
Packt is one of the most prolific and fast-growing tech book publishers in the world. Originally focused on open source software, Packt pays a royalty on relevant books directly to open source projects. These projects have received over $400,000 as part of Packt's Open Source Royalty Scheme to date.

PacktLib: The Packt Online Library
PacktLib is Packt's online digital book library. Launched in August 2010, it allows you to access and search almost 100,000 pages of book content, to find the solutions you need.

Work for Packt Birmingham
Packt Publishing is a young, ground-breaking computer book publishing company with a large and fast-growing online customer base. With a highly ranked website and innovating constantly into new business areas, we are at the cutting-edge of digital publishing, web marketing and e-commerce development. Our unique strategy of publishing highly-focused and practical technical books on new and ground-breaking technologies has driven rapid growth and we are now poised for expansion. This can be seen from our recent move to new offices in the heart of Birmingham.

图 3-1

观察上面的代码和输出结果，我们会发现这个栅格有三列，每一列的宽都是 4。如果注意查看 `<h1>` 和 `<p>` 标签，可以看到它们在定义行之前已经被声明了，而"PacktPub"、"PacktLib: The Packt Online Library"和"Work for Packt Birmingham"标题的这三列的宽度都已经被定义为 4。因此，12 列被分成了三部分，每部分的宽度是 4 列。然而，这个格式只是定义了桌面和大屏幕上的布局。在小型设备上，整个栅格将会堆叠显示，而在桌面和大屏幕上则会水平对齐显示。

如果想让内容占据容器的全部宽度,我们没必要把它定义在一行和一列中,也就是说并不是要强制使用 CSS 类 col-md-12 来创建全宽的列。另外,如果单独一行中的列超过了 12 列,额外的列就会作为一个单元被放到下一行。

3.1.2 为小型设备定制栅格

我们之前说过,在小屏幕上,列会一列接着一列堆叠显示。假设我们在小型设备上也想实现多列并排的格式。在这样的场景中,我们必须在代码中包含 col-sm-X CSS 类。

看看下面的代码可以更好地理解:

```html
<!DOCTYPE html>
<html>
  <head>
    <title>Using the Bootstrap Grid classes</title>
    <meta name="viewport" content="width=device-width, initial-scale=1.0">
    <!-- Bootstrap -->
    <link href="css/bootstrap.min.css" rel="stylesheet" media="screen">
  </head>
  <body>
    <div class="container">
      <h1> Welcome to Packt Publishing </h1>
      <p>An example to showcase the Bootstrap Grid classes</p>

      <div class="row">
        <div class="col-md-4 col-sm-6">
          <h2>PacktPub</h2>
          <p>Packt is one of the most prolific and fast-growing
            tech book publishers in the world. Originally focused
            on open source software, Packt pays a royalty on
            relevant books directly to open source projects. These
            projects have received over $400,000 as part of
            Packt's Open Source Royalty Scheme to date.</p>
        </div>
        <div class="col-md-4 col-sm-6">
          <h2>PacktLib: Online </h2>
          <p>
            PacktLib is Packt's online digital book library.
            Launched in August 2010, it allows you to access and
```

```
        search almost 100,000 pages of book content, to find
        the solutions you need.
      </p>
    </div>
    <div class="col-md-4 col-sm-12">
      <h2>Packt Birmingham</h2>
      <p>
        Packt Publishing is a young, ground-breaking computer
        book publishing company with a large and fast-growing
        online customer base. With a highly ranked website and
        innovating constantly into new business areas, we are
        at the cutting-edge of digital publishing, web
        marketing and e-commerce development. Our unique
        strategy of publishing highly-focused and practical
        technical books on new and ground-breaking
        technologies has driven rapid growth and we are now
        poised for expansion. This can be seen from our recent
        move to new offices in the heart of Birmingham.
      </p>
    </div>
  </div>
 </div>
 </body>
</html>
```

代码执行之后，在桌面和大屏幕上的效果如图 3-2 所示。

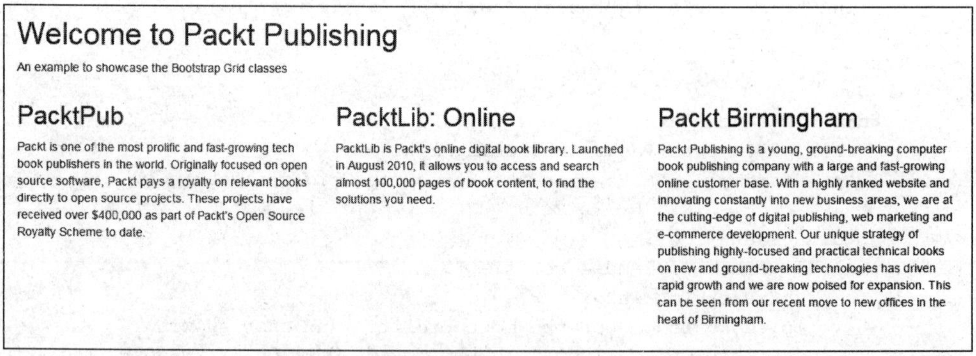

图 3-2

在手机或平板电脑这样的小屏设备上，输出结果如图 3-3 所示。

如果观察代码在小屏幕上的输出，可以看到因为前两列被指定了 `col-sm-6` 类，每一列都会占据屏幕宽度的一半。而被指定了 `col-sm-12` 类的第三列，则在前两列下方占据的整个屏幕宽度。

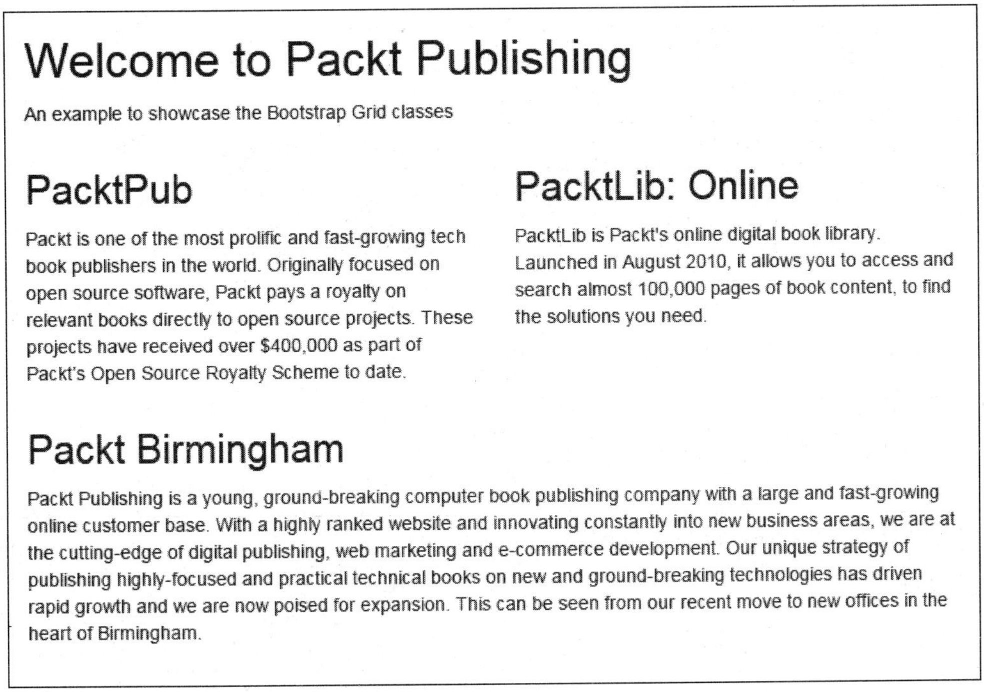

Welcome to Packt Publishing

An example to showcase the Bootstrap Grid classes

PacktPub

Packt is one of the most prolific and fast-growing tech book publishers in the world. Originally focused on open source software, Packt pays a royalty on relevant books directly to open source projects. These projects have received over $400,000 as part of Packt's Open Source Royalty Scheme to date.

PacktLib: Online

PacktLib is Packt's online digital book library. Launched in August 2010, it allows you to access and search almost 100,000 pages of book content, to find the solutions you need.

Packt Birmingham

Packt Publishing is a young, ground-breaking computer book publishing company with a large and fast-growing online customer base. With a highly ranked website and innovating constantly into new business areas, we are at the cutting-edge of digital publishing, web marketing and e-commerce development. Our unique strategy of publishing highly-focused and practical technical books on new and ground-breaking technologies has driven rapid growth and we are now poised for expansion. This can be seen from our recent move to new offices in the heart of Birmingham.

图 3-3

3.1.3　为列添加偏移

为了给列加上左边距（margin），可以使用 `col-offset-X` 类，这里 X 表示列的数量，它会使一个块元素向右移动。

看看下面的代码可以更好地理解：

```
<!DOCTYPE html>
<html>
  <head>
    <title>Using the Bootstrap Grid classes</title>
    <meta name="viewport" content="width=device-width, initial-scale=1.0">
    <!-- Bootstrap -->
    <link href="css/bootstrap.min.css" rel="stylesheet" media="screen">
```

```
    </head>
    <body>
      <div class="container">
        <h1>The Offset feature in Bootstrap</h1>
        <h2>PacktPub</h2>
        <div class="row">
          <div class="col-md-4 col-md-offset-8">Packt is one of the
          most prolific and fast-growing tech book publishers in the
          world. Originally focused on open source software, Packt
          pays a royalty on relevant books directly to open source
          projects. These projects have received over $400,000 as
          part of Packt's Open Source Royalty Scheme to date.
          </div>
        </div>
      </div>
    </body>
</html>
```

代码执行之后的输出如图 3-4 所示。

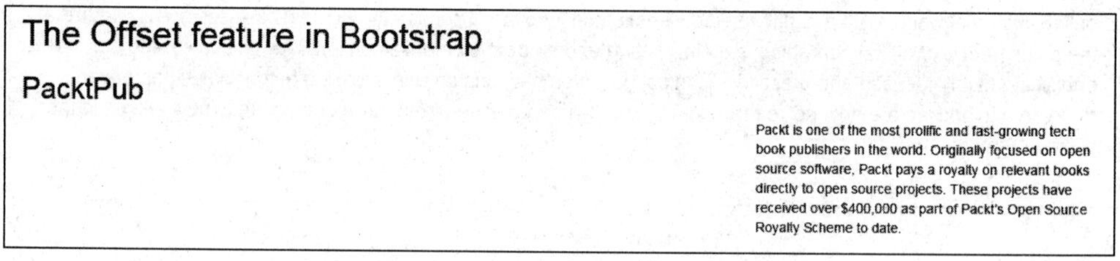

图 3-4

如果仔细观察上面的代码和输出结果，会发现块元素已经向右边移动了八个单位。如果查看突出显示的代码，也就是 `<div class="col-md-4 col-md-offset-8">`，会发现我们把偏移定义为 8，之所以能够得到想要的输出，就是因为 .col-md-offset-8 类会被应用到中等大小的屏幕分辨率上。

 我们可以根据移动设备屏幕的分辨率添加独立的偏移。

3.1.4 推拉列

有时候，列在屏幕上显示的顺序与它们在 HTML 代码中定义的顺序可能是不同的，Bootstrap 提供了 col-push-X 和 col-pull-X 类来实现这样的功能。col-push-X 会将列向右移动 X 个单位，而 col-pull-X 则会将列向左移动 X 个单位，这里 X 是列移动的单位数量。这个特性可以帮助我们反转列的顺序。

看看下面的代码可以更好地理解：

```html
<!DOCTYPE html>
<html>
  <head>
    <title>Using the Bootstrap Grid classes</title>
    <meta name="viewport" content="width=device-width, initial-scale=1.0">
    <!-- Bootstrap -->
    <link href="css/bootstrap.min.css" rel="stylesheet" media="screen">
  </head>
  <body>
    <div class="container">
      <h1>Welcome to Packt</h1>
      <p>We will look at the concept of Grid Layouts now</p>
      <div class="row">
        <div class="col-md-9 col-md-push-3">
          <h2>PacktPub</h2>
          <p>
            Packt is one of the most prolific and fast-growing
            tech book publishers in the world. Originally focused
            on open source software, Packt pays a royalty on
            relevant books directly to open source projects. These
            projects have received over $400,000 as part of
            Packt's Open Source Royalty Scheme to date.Our books
            focus on practicality, recognising that readers are
            ultimately concerned with getting the job done.
            Packt's digitally-focused business model allows us to
            publish up-to-date books in very specific areas.
          </p>
        </div>
        <div class="col-md-3 col-md-pull-9">
          <h2>PacktLib: Online</h2>
          <p>PacktLib is Packt's online digital book library.
            Launched in August 2010, it allows you to access and
            search almost 100,000 pages of book content, to find
            the solutions you need.</p>
        </div>
      </div>
    </div>
  </body>
</html>
```

代码执行之后的输出结果如图 3-5 所示。

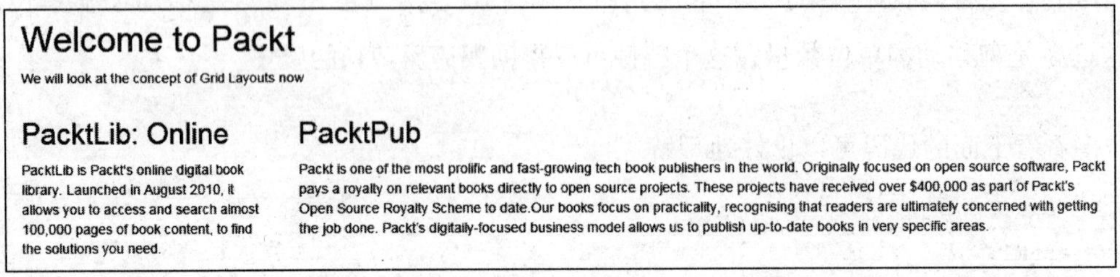

Welcome to Packt
We will look at the concept of Grid Layouts now

PacktLib: Online
PacktLib is Packt's online digital book library. Launched in August 2010, it allows you to access and search almost 100,000 pages of book content, to find the solutions you need.

PacktPub
Packt is one of the most prolific and fast-growing tech book publishers in the world. Originally focused on open source software, Packt pays a royalty on relevant books directly to open source projects. These projects have received over $400,000 as part of Packt's Open Source Royalty Scheme to date.Our books focus on practicality, recognising that readers are ultimately concerned with getting the job done. Packt's digitally-focused business model allows us to publish up-to-date books in very specific areas.

图 3-5

看看上面的代码和输出结果，我们会发现 9 单位宽的列被向右推了 3 个单位的距离，而 3 单位宽的列则被向左移动了 9 个单位。因此，我们可以使用 `push` 和 `pull` 属性改变 HTML 代码中的层级关系，从而改变输出的结果。

3.1.5 嵌套列

我们可以把行和列放在一个已经存在的列中，实现列的嵌套。嵌套的列会共同占据已有的父列的宽度。

看看下面的代码可以更好地理解：

```html
<!DOCTYPE html>
<html>
  <head>
    <title>Using the Bootstrap Grid classes</title>
    <meta name="viewport" content="width=device-width, initial-scale=1.0">
    <!-- Bootstrap -->
    <link href="css/bootstrap.min.css" rel="stylesheet" media="screen">
    <style>
      #packt {
        border-style: solid;
        border-color: black;
        color: #FF00FF;
      }
      #pub {
        border-style: solid;
        border-color: black;
```

```
      color: #FF00FF;
    }

    #packtlib {
      border-style: dotted;
      border-color: lime;


    }
  </style>

</head>
<body>
  <div class="container">
    <h1>Hello, world!</h1>
    <p>This is an example to show how to nest columns within the
    allocated parent space</p>

    <div class="row ">
      <div class="col-lg-6" id="packtlib">
        <h2>Columns can be nested within the space.</h2>
        <div class="row"   >
          <div class="col-lg-6" id="packt">
            <p>PacktLib is Packt's online digital book library.
              Launched in August 2010, it allows you to access
              and search almost 100,000 pages of book content,
              to find the solutions you need. As part of the
              Open Source community, Packt aims to help sustain
              the projects which it publishes books on. Open
              Source projects have received over $400,000
              through this scheme to date.
            </p>
          </div>
          <div class="col-lg-6" id="pub">
            <p>Our books focus on practicality, recognising that
              readers are ultimately concerned with getting the
              job done. Packt's digitally-focused business model
              allows us to publish up-to-date books in very
              specific areas.With over 1000 books published,
              Packt now offers a subscription service. This app
              and a PacktLib subscription now makes finding the
              information you need easier than ever before.
            </p>
          </div>
        </div>
      </div> <!-- the row class div -->
    </div> <!-- the container div -->
  </body>
</html>
```

代码执行后的输出结果如图 3-6 所示。

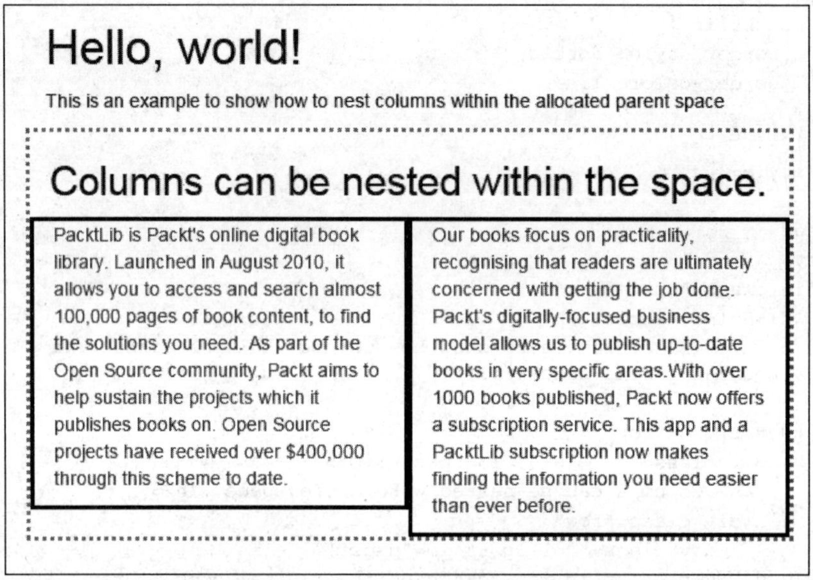

图 3-6

查看前面的代码和随后的输出结果就知道我们使用 `col-lg-6` 类在一个已经存在的父列中嵌套了两列，这个父列已经被指定了类 `col-lg-6`，所以它占据了桌面或大屏设备屏幕的一半宽度。对于嵌套进去的列，每一列都被指定了一个 `col-lg-6` 类，所以将会占据父列的一半宽度。我们也可以看看应用到父列和嵌套列的边框上的 CSS 样式（定义在 `<style>` 标签中）。父列的边框是黄绿色的点线，而嵌套在父列中的子列被设置了黑色的实线边框。通过这些边框，你可以清晰地看到子列占据了父列的一半宽度。

3.2 使用 Bootstrap 变量和 mixin

我们可以使用 Bootstrap 中的变量和 mixin 来实现语义布局（semantic layout）。现在，我们先了解一下 Bootstrap 用于实现栅格布局的变量。

Bootstrap 提供了内置的变量和 mixin，以实现语义栅格布局。

3.2.1 Bootstrap 栅格变量

Bootstrap 栅格 LESS 代码包含了三个变量：

- `@grid-columns`：这个变量用来定义在桌面和大屏幕上显示的列的最大数量，默认值是 12。但是，我们可以根据需求，为它赋予一个特定的值，将默认值修改为小于或大于 12。
- `@grid-gutter-width`：这个变量表示列间距的宽度。列间距是栅格列之间的垂直空间，列间距的默认值是 30px。
- `@grid-float-breakpoint`：这个变量设置的是带有 `col-lg-x` 类的元素在什么宽度开始以一列一列的形式显示。这个属性的默认值和最小的平板屏幕宽度是一样的，都是 768px。

3.2.2 Bootstrap 栅格 mixin

我们也可以使用 mixin，与 Bootstrap 中定义的变量一起创建并修改栅格布局。

我们来看看在 Bootstrap 中被广泛使用的用于构建语义布局的 mixin：

- `.container-fixed()`：这个 mixin 用来创建位于页面中间的容器元素。该容器可以容纳布局中的行和列。
- `.make-row()`：这个 mixin 用于在布局中创建行，并会清除添加到该行中的列的所有 CSS 浮动声明。
- `.make-column()`：这个 mixin 用于在布局中创建列。它将 CSS 浮动声明添加到列上，创建列间距并设置列的宽度。它接收一个参数，这个参数设置列宽的单位数量，默认的最大宽度是 12。这个最大值可以通过修改 `@grid-columns` 变量的值来改变。

    例如：`make-md-column(8)`。

- `.make-column-offset()`：这个 mixin 用于为列添加偏移。它接收一个参数，该参数表示列的偏移单位数量，默认的最大值是 12。这个最大值可以通过修改 `@grid-columns` 变量的值来改变。

例如：make-md-column-offset(1)。

- .make-column-push()：这个 mixin 用于将列向右侧移动，它的作用与使用 col-push-X 类是一样的。它接收一个参数，该参数表示我们列移动的单位数量，默认的最大值是 12。这个最大值可以通过修改 @grid-columns 变量的值来改变。

例如：make-md-column-push(3)。

- .make-column-pull()：这个 mixin 用于将列向左侧移动，它的作用与使用 col-pull-X 类是一样的。它接收一个参数，该参数表示列移动的单位数量，默认的最大值是 12。这个最大值可以通过修改 @grid-columns 变量的值来改变。

例如：make-md-column-pull(3)。

> 提示　记住，我们在定义列的时候必须根据屏幕的尺寸来添加前缀，即桌面是 md，大屏幕是 lg，小型设备是 sm，超小屏幕是 xs。

3.3　使用 Bootstrap 栅格 mixin 和变量创建博客布局

现在，我们用 Bootstrap 的 mixin 和变量来创建博客布局：

1）首先，我们要在基本的 HTML 文档中包含 Bootstrap CSS 文件。然后，我们再为它添加相关的内容，逐步弄清楚它的工作原理。

看看下面的代码可以更好地理解：

```
<!DOCTYPE html>
<html>
  <head>
    <title>Using Bootstrap Grid Variables and Mixins
    </title>
    <meta name="viewport" content="width=device-width,
    initial-scale=1.0">
    <link href="css/bootstrap.css" rel="stylesheet"
    media="screen">
  </head>
  <body>
```

```
</body>
</html>
```

2）现在，我们来定义博客的文档结构。在 `<header>` 标签中，我们加入博客的标题和描述。另外，请不要把 `<header>` 和 `<head>` 相混淆，二者是不同的。我们还为 header 定义了 `site-header` 类：

```
<header class="site-header">
    <h1>Using variables and mixins to create a grid
    layout</h1>
</header>
```

3）现在，我们已经定义了博客的标题，我们进入下一部分。在页面的底部，我们要添加有关版权的注意事项，并为它指定 `site-footer` 类：

```
<footer class="site-footer">
    Copyright &copy; 2014
</footer>
```

4）footer 和 header 都会被放在一个根 `<div>` 元素中，这个元素有一个 CSS 类 page。整个博客文章将会放在 `<article>` HTML5 元素中，而文章标题则在 `<header>` 元素中，后面接着就是文章的内容，文章的所有相关信息都放在 `<footer>` 元素中。我们为文章添加了一个"main" ARIA 角色，将其标记为 HTML 文档的主要部分。

 不了解 ARIA 及其角色的读者，可以访问 https://developer.mozilla.org/en-US/docs/Web/Accessibility/ARIA 和 http://www.w3.org/TR/wai-aria/roles 以深入了解有关信息。

这篇博客文章完整的 HTML 代码如下：

```
<article role="main" >
  <header>
    <h2>Packt: Always finding a way</h2>
  </header>
  <div>
    <p>
      Packt is one of the most prolific and fast-growing
      tech book publishers in the world. Originally focused
```

```
            on open source software, Packt pays a royalty on
            relevant books directly to open source projects.
            These projects have received over $400,000 as part of
            Packt's Open Source Royalty Scheme to date.
        </p>
        <p>
            Our books focus on practicality, recognising that
            readers are ultimately concerned with getting the job
            done. Packt's digitally-focused business model allows
            us to publish up-to-date books in very specific
            areas.
        </p>
        <p>
            With over 1000 books published, Packt now offers a
            subscription service. This app and a PacktLib
            subscription now makes finding the information you
            need easier than ever before.
        </p>
    </div>
    <footer>
        <p>Posted on: 25-October-2014</p>
        <p>
            Tagged: Packt, PacktLib, Packt Mobile Browser App.
        </p>
    </footer>
</article>
```

5）我们将用侧边栏来显示最近发表文章的标题和归档日期。它们会被放在一个 `<div>` 元素中，使用的 ARIA 角色是 complementary，表示侧边栏既是独立的，又是对主内容的补充。侧边栏的每一个部分都会被放在一个 `<aside>` 元素中，并且标题使用的是 `<h3>` 元素。

```
<div role="complementary">
    <aside>
    <h3>Recent Posts</h3>
    <ul>
        <li><a href="http://www.packtpub.com/news-center">
        Packt News Center </a></li>
        <li><a href="http://www.packtpub.com/support-
        complaints-and-feedback">Video Support</a></li>
        <li><a href="https://careers.packtpub.com/"> Packt
        Careers </a></li>
    </ul>
    </aside>
    <aside>
    <h3>Archives</h3>
    <ul>
```

```html
      <li><a href="">March 2014</a></li>
      <li><a href="">June 2014</a></li>
      <li><a href="">July 2014</a></li>
    </ul>
  </aside>
</div>
```

6)文章和侧边栏都会被放在一个 `<div>` 元素中,它的 CSS 类是 content,我们会把这个元素放在 header 和 footer 元素的中间。最终的 HTML 文档如下所示:

```html
<!DOCTYPE html>
<html>
<head>
  <title>Bootstrap Grid Variables and Mixins </title>
  <meta name="viewport" content="width=device-width,
  initial-scale=1.0">
  <link href="css/bootstrap.css" rel="stylesheet">
</head>
<body>
  <div class="page">
    <header class="site-header">
      <h1>Using variables and mixins to create a grid
      layout</h1>
    </header>
    <div class="content">
      <article role="main" >
        <header>
          <h2>Packt: Always finding a way</h2>
        </header>
        <div>
        <p>
          Packt is one of the most prolific and fast-
          growing tech book publishers in the world.
          Originally focused on open source software, Packt
          pays a royalty on relevant books directly to open
          source projects. These projects have received
          over $400,000 as part of Packt's Open Source
          Royalty Scheme to date.
        </p>
        <p>
          Our books focus on practicality, recognising that
          readers are ultimately concerned with getting the
          job done. Packt's digitally-focused business
          model allows us to publish up-to-date books in
          very specific areas.
        </p>
        <p>
          With over 1000 books published, Packt now offers
          a subscription service. This app and a PacktLib
```

```
          subscription now makes finding the information
          you need easier than ever before.
        </p>
      </div>
      <footer>
        <p>Posted on: 25-October-2014</p>
        <p>
          Tagged: Packt, PacktLib, Packt Mobile Browser
          App.
        </p>
      </footer>

    </article>
    <div role="complementary">
      <aside>
        <h3>Recent Posts</h3>
        <ul>
          <li><a href="http://www.packtpub.com/news-
          center"> Packt News Center </a></li>
          <li><a href="http://www.packtpub.com/support-
          complaints-and-feedback">Video
          Support</a></li>
          <li><a href="https://careers.packtpub.com/">
          Packt Careers </a></li>
        </ul>
      </aside>
      <aside>
        <h3>Archives</h3>
        <ul>
          <li><a href="">March 2014</a></li>
          <li><a href="">June 2014</a></li>
          <li><a href="">July 2014</a></li>
        </ul>
      </aside>
    </div>
  </div>

  <footer class="site-footer">
    Copyright &copy; 2014
  </footer>
 </div>
</body>
</html>
```

代码执行之后的输出结果如图 3-7 所示。

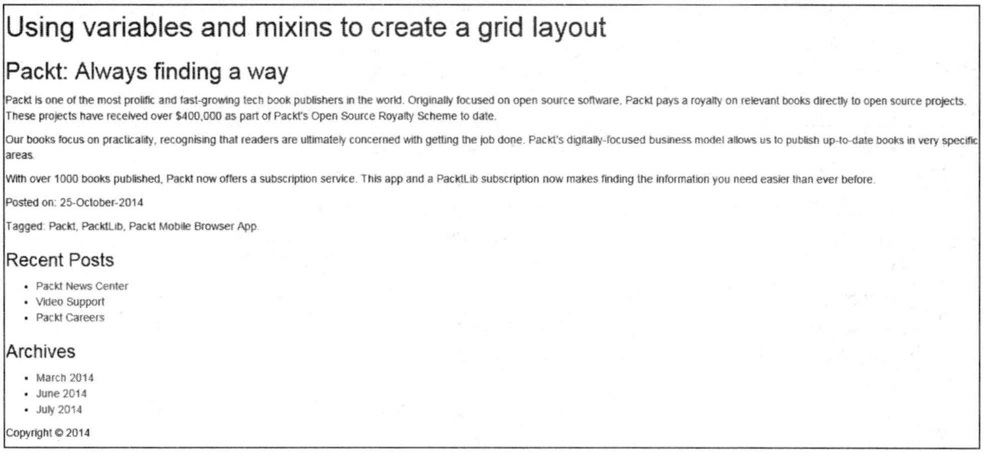

第 3 章　使用 Bootstrap 栅格　51

图　3-7

样式化博客

现在，我们要使用一些 Bootstrap 变量和 mixin 来创建栅格布局：

1）在 css 目录中创建一个 `style.less` 文件。从已解压的源代码目录中复制 Bootstrap 的 less 文件并粘贴到 css 目录下一个 bootstrap 文件夹中。css 目录如图 3-8 所示。

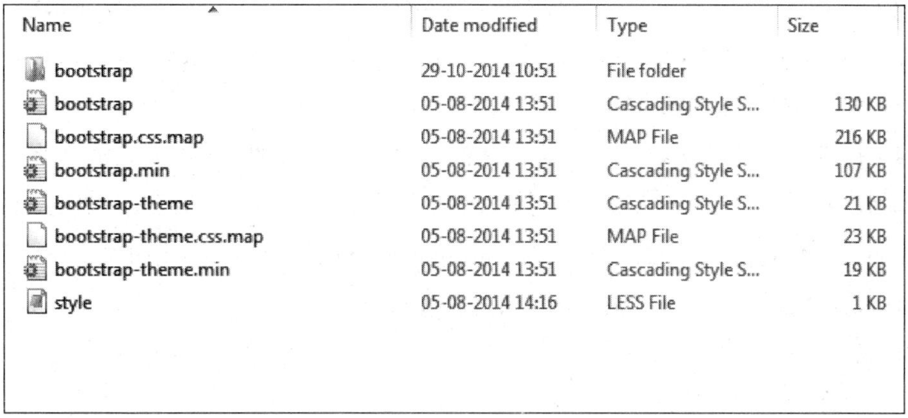

图　3-8

2）css 目录中的 bootstrap 文件包含了 less 源代码文件，包括 bootstrap.less 文件。css 目录下的 bootstrap 目录的内容如图 3-9 所示。

名称	修改日期	类型	大小
mixins	14-08-2014 13:49	File folder	
.csscomb.json	14-08-2014 13:49	JSON File	8 KB
.csslintrc	14-08-2014 13:49	CSSLINTRC File	1 KB
alerts	14-08-2014 13:49	LESS File	2 KB
badges	14-08-2014 13:49	LESS File	2 KB
bootstrap	14-08-2014 13:49	LESS File	2 KB
breadcrumbs	14-08-2014 13:49	LESS File	1 KB
button-groups	14-08-2014 13:49	LESS File	6 KB
buttons	14-08-2014 13:49	LESS File	4 KB
carousel	14-08-2014 13:49	LESS File	5 KB
close	14-08-2014 13:49	LESS File	1 KB
code	14-08-2014 13:49	LESS File	2 KB
component-animations	14-08-2014 13:49	LESS File	1 KB
dropdowns	14-08-2014 13:49	LESS File	5 KB
forms	14-08-2014 13:49	LESS File	14 KB
glyphicons	14-08-2014 13:49	LESS File	15 KB
grid	14-08-2014 13:49	LESS File	2 KB
input-groups	14-08-2014 13:49	LESS File	5 KB
jumbotron	14-08-2014 13:49	LESS File	1 KB
labels	14-08-2014 13:49	LESS File	2 KB
list-group	14-08-2014 13:49	LESS File	4 KB
media	14-08-2014 13:49	LESS File	1 KB

图 3-9

3）在记事本或你喜爱的编辑器中打开 style.less 文件。接下来就是使用下面这行代码在文件中包含 bootstrap.less 文件，从而引入 bootstrap.less 文件。

```
@import "bootstrap/bootstrap.less";
```

4）接着，我们把根 <div> 元素（带有 .page CSS 类的元素）放到屏幕的中间，并为它设置宽度。为了将元素放在屏幕中间，我们使用了 .container-fixed() 这个 Bootstrap mixin。这是 Bootstrap 在 .container CSS 类内部使用的 mixin。我们用下面这样的方式将这个 mixin 添加到 LESS 文件中：

```
.page {
  .container-fixed();
}
```

把 mixin 添加到根 <div> 元素之后，该元素仍将占据屏幕的全部宽度。这种效果在手机屏幕上很好，但这不是我们在平板或桌面屏幕上想要的效果。

5）接着，我们针对平板设备将最大宽度设置为 728px，针对桌面屏幕将最大宽度设置为 940px，我们可以用媒介查询来分别定位这些设备。

下面的 LESS 代码将会作用于平板设备。注意其中 `@screen-tablet` LESS 变量的使用，Bootstrap 使用这个变量可以避免把平板设备的宽度硬编码在不同的地方。使用了 `@screen-tablet` 变量之后，这个值还可以在以后方便地进行修改，不用到处找它被用在了什么地方。

```
@media screen and (min-width: @screen-tablet) {
  .page {
    max-width: 728px;
  }
}
```

6）为了设置桌面的最大宽度，我们在 `style.less` 文件中添加下面的代码。我们用 `@screen-desktop` 变量来设置在桌面上显示的网页宽度，这和前面代码中使用的 `@screen-tablet` 是同样的道理。

```
@media screen and (min-width: @screen-desktop) {
  .page {
    max-width: 940px;
  }
}
```

Bootstrap 还使用了其他变量来指定屏幕的宽度：

- 对于手机屏幕，使用的是 `@screen-phone` 变量，这是 `@screen-tiny` 的别名。它的默认值是 480px。
- 对于平板设备屏幕，使用的是 `@screen-tablet` 变量，它是 `@screen-small` 的别名。它的默认值是 768px。
- 对于桌面屏幕，使用的是 `@screen-desktop` 变量，它是 `@screen-medium` 的别名。它的默认值是 992px。
- 对于大型桌面屏幕，使用的是 `@screen-large-desktop` 变量，它是 `@screen-large` 的别名。它的默认值是 1200px。

7）将根元素置中并设置了宽度之后，我们把两列中的博客文章和侧边栏进行对齐。博客文章将会出现在左列中，而侧边栏将会出现在右列。

我们使用 Bootstrap mixin，让包围博客文章和侧边栏的 `<div>` 元素起到默认的 Bootstrap 行的效果。

`.make-column()` 这个 Bootstrap mixin 将会被用来创建列。它接收一个参数，这个参数表示列所占的栅格单位数量。

例如，`make-md-column(6)` 会使添加了 mixin 的元素占据桌面屏幕的 6 个单位，这与添加 CSS 类 `col-md-6` 的效果是一样的。

我们还将使用 `.make-column-offset()` 这个 Bootstrap mixin 为列设置偏移。它也接收一个参数来实现偏移效果。`.make-md-column-offset(1)` 与使用 CSS 类 `col-md-offset-1` 的作用是相同的。

8）我们将博客文章所在列的宽度设置为 8 个单位，侧边栏的宽度设置为 3 个单位，为侧边栏设置一个单位的偏移。

```
article[role=main] {
  .make-md-column(8);
}

div[role=complementary] {
  .make-md-column(3);
  .make-md-column-offset(1);
}
```

现在，这些列就已经创建好了。

9）接下来，我们需要对 header 和 footer 进行对齐。因此，我们要在它们的左右两侧加入内边距（padding）。内边距将会设置为列间距（gutter）宽度的一半。

```
.site-header,
.site-footer {
  padding-left:  (@grid-gutter-width / 2);
  padding-right: (@grid-gutter-width / 2);
}
```

10）我们还要在 footer 上方设置内边距，使之与内容区域隔离开。

```
.site-footer {
  padding-top: 30px;
}
```

现在，我们已经完成了需要的所有样式的设置，来看一下 style.less 文件。

```
@import "bootstrap/bootstrap.less";
.page {
  .container-fixed();
}

@media screen and (min-width: @screen-tablet) {
  .page {
    max-width: 728px;
  }
}

@media screen and (min-width: @screen-desktop) {
  .page {
    max-width: 940px;
  }
}

.content {
  .make-row();
}

article[role=main] {
  .make-md-column(8);
}
div[role=complementary] {
  .make-md-column(3);
  .make-md-column-offset(1);
}

.site-header,
.site-footer {
  padding-left:  (@grid-gutter-width / 2);
  padding-right: (@grid-gutter-width / 2);
}

.site-footer {
  padding-top: 30px;
}
```

11）我们可以使用 WinLess 把 `style.less` 文件转换为 `style.css`，方法与我们在第 2 章把 LESS 文件转换为 CSS 的方法是一样的。接下来，我们将把 `style.css` 文件包含在主 HTML 文档中，语句要放在包含 `bootstrap.css` 文件的语句后面，因为我们需要让 `style.css` 覆盖默认的 bootstrap 代码。

因此，HTML 文档的开头部分如图 3-10 所示。

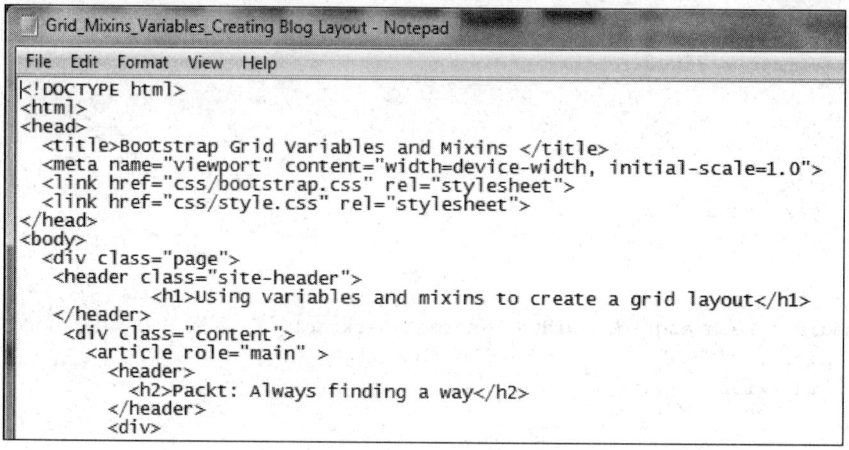
Grid_Mixins_Variables_Creating Blog Layout - Notepad

File Edit Format View Help

```
<!DOCTYPE html>
<html>
<head>
  <title>Bootstrap Grid Variables and Mixins </title>
  <meta name="viewport" content="width=device-width, initial-scale=1.0">
  <link href="css/bootstrap.css" rel="stylesheet">
  <link href="css/style.css" rel="stylesheet">
</head>
<body>
  <div class="page">
   <header class="site-header">
            <h1>Using variables and mixins to create a grid layout</h1>
   </header>
    <div class="content">
      <article role="main" >
        <header>
          <h2>Packt: Always finding a way</h2>
        </header>
        <div>
```

图 3-10

代码执行之后的输出结果如图 3-11 所示。

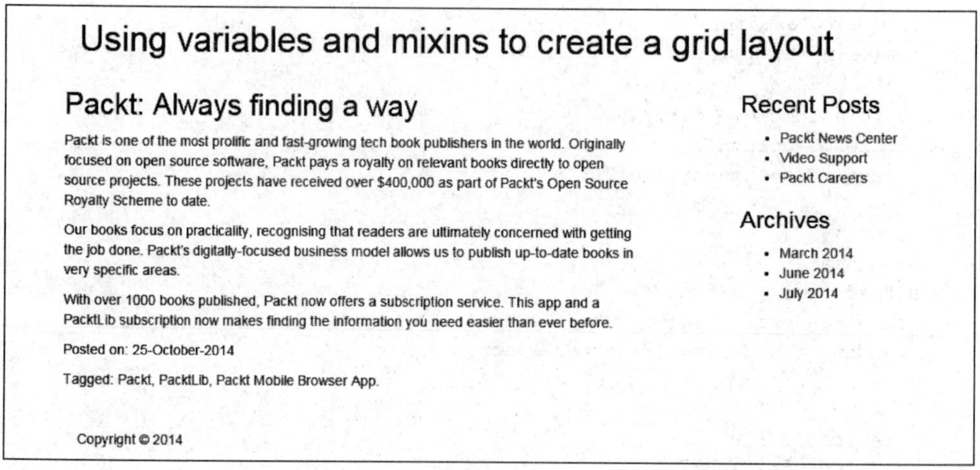

图 3-11

现在，我们已经学会了如何使用变量和 mixin 创建语义化的布局。

3.4 小结

在本章，我们学习了栅格类，还弄清楚了如何添加行和列，以及如何为列设置偏移。我们也学习了如何反转列的顺序以及如何让列相互进行嵌套。此外，我们还学习了如何使用变量和 mixin 创建语义化的布局。最后，我们通过一个综合的、实际的例子，使用 Bootstrap 变量、mixin、自己的语义元素和类创建自定义的博客布局。

在第 4 章，我们将通过实际的方法和许多代码例子，展示如何使用 Bootstrap 的基本 CSS 元素，帮助你掌握各种各样的样式，让你熟练地实现网页设计。

第 4 章
使用基本 CSS 样式

通常来说，为 HTML 元素（比如标题、段落、表格和表单）应用一致的样式是比较容易实现的，但是这一过程却需要花很多时间。Bootstrap 除了引入 Normalize.css（http://necolas.github.io/normalize.css/）文件在各种浏览器间以现代网页标准一致地渲染 HTML 元素以外，还提供了一些默认的样式，可以用于排版、代码、表格、表单、按钮和图片元素。

在本章，我们将学习如何在 HTML 页面中使用 Bootstrap 基本 CSS 样式以及如何对其进行定制。

我们在本章将会学习以下容：

❏ 实现 Bootstrap 基本 CSS 样式
❏ 使用 LESS 变量定制 Bootstrap 基本 CSS 样式

如果想按照原有的方式使用 Bootstrap 基本 CSS 样式，不进行任何定制，你可以简单地使用下面的 link 标签，在 HTML 文件中包含 Bootstrap 的 CSS 样式就可以了。

```
<link href="css/bootstrap.min.css" rel="stylesheet"
media="screen">
```

4.1 实现 Bootstrap 基本 CSS 样式

在本节,我们将了解 Bootstrap 基本 CSS 所使用的默认样式,包括以下内容:

- 标题(heading)
- 页面主体(body copy)
- 内联元素(inline element)
- 对齐类(alignment class)
- 地址(address)
- 引用(blockquote)
- 列表(list)
- 表格(table)
- 按钮(button)
- 表单(form)
- 代码(code)
- 图片(image)
- 字体样式(font style)

在这里,我们并不想堆砌一堆理论知识,所以会使用很多代码例子实际学习基本 CSS 样式。

4.1.1 标题

Bootstrap 标题有多种大小,全部都是默认大小的一定倍数:

- 1 级标题 `<h1>`:默认字体尺寸是 38px,大概就是默认基本字体尺寸 14px 的 2.70 倍。
- 2 级标题 `<h2>`:默认字体尺寸是 32px,大概就是默认基本字体尺寸 14px 的 2.25 倍。
- 3 级标题 `<h3>`:默认字体尺寸是 24px,大概就是默认字体尺寸 14px 的 1.70 倍。

- 4级标题 `<h4>`：默认字体尺寸是 18px，大概就是默认字体尺寸 14px 的 1.25 倍。
- 5级标题 `<h5>`：和默认的字体尺寸（14px）是一样的。
- 6级标题 `<h6>`：默认字体尺寸是 12px，大概就是默认字体尺寸 14px 的 0.85 倍。

> **提示** 在几乎所有的示例代码中，我们在 `<head>` 部分的 `<style>` 标签之间都加入了内边距样式，使网页变得更加美观。内边距样式可以帮助我们更好地观察到输出结果，使它不至于太靠近屏幕的左侧。

看看下面的代码可以更好地理解：

```
<!DOCTYPE html>
<html>
<head>
  <title> Headings in Bootstrap CSS </title>
  <meta name="viewport" content="width=device-width, initial-
    scale=1.0">
  <link href="css/bootstrap.css" rel="stylesheet" media="screen">
  <style>
    #packtpub
    {
      padding-top: 25px;
      padding-bottom: 25px;
      padding-right: 50px;
      padding-left: 50px;
    }
  </style>
</head>
<body id="packtpub">
  <h1> Packt: Always finding a way </h1>
  <h2> Packt: Always finding a way </h2>
  <h3> Packt: Always finding a way </h3>
  <h4> Packt: Always finding a way </h4>
  <h5> Packt: Always finding a way </h5>
  <h6> Packt: Always finding a way </h6>
</body>
</html>
```

代码执行之后的输出结果如图 4-1 所示。

仔细查看代码和前面的截图，我们可以明显地发现标题元素的应用和字体尺寸的不同。除此以外，我们还可以使用 h1 到 h6 的类匹配标题的字体样式，为显示内联文本提供帮助。

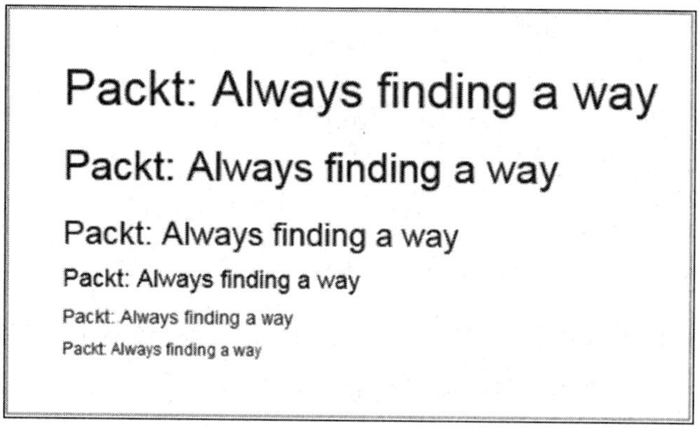

图 4-1

看看下面的代码片段，可以了解其工作原理：

```
<body id="packtpub">
   <div class="h1">h1. Packt: Always finding a way </div>
   <div class="h2">h2. Packt: Always finding a way </div>
   <div class="h3">h3. Packt: Always finding a way </div>
   <div class="h4">h4. Packt: Always finding a way </div>
   <div class="h5">h5. Packt: Always finding a way </div>
   <div class="h6">h6. Packt: Always finding a way </div>
</body>
```

代码执行后的输出如图 4-2 所示。

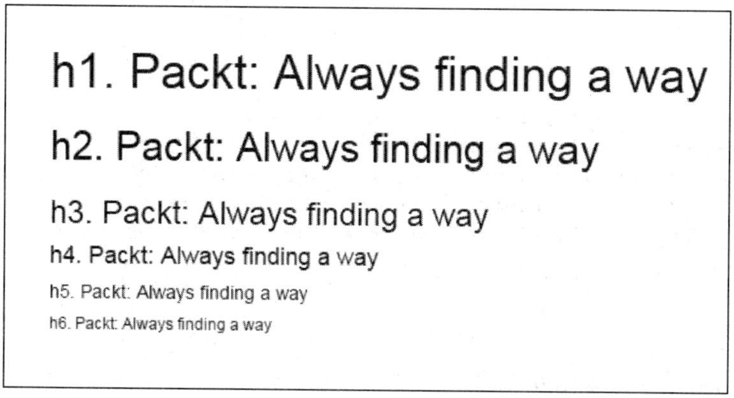

图 4-2

我们也可以使用 `<small>` 标签，添加比标题字体更小的文本。在标题内使用

\<small\> 标签对应的字体尺寸如下：

- \<h1\> 中的 small 文本：默认字体尺寸是 24px，大概就是字体默认基本尺寸 14px 的 1.70 倍。
- \<h2\> 中的 small 文本：默认字体尺寸是 18px，大概就是字体默认基本尺寸 14px 的 1.25 倍。
- \<h3\> 中的 small 文本：默认字体尺寸是 14px，与字体基本尺寸同样是 14px。
- \<h4\> 中的 small 文本：默认字体尺寸也是 14px。

看看下面的代码例子可以更好地理解：

```html
<!DOCTYPE html>
<html>
<head>
  <title> Headings in Bootstrap CSS </title>
  <meta name="viewport" content="width=device-width, initial-scale=1.0">
  <link href="css/bootstrap.css" rel="stylesheet" media="screen">
  <style>
    #packtpub {
      padding-top: 25px;
      padding-bottom: 25px;
      padding-right: 50px;
      padding-left: 50px;
    }
  </style>
</head>
<body id="packtpub">
  <h1> Packt: <small> Always finding a way </small></h1>
  <h2> Packt: <small> Always finding a way </small></h2>
  <h3> Packt: <small> Always finding a way </small></h3>
  <h4> Packt: <small> Always finding a way </small></h4>
  <h5> Packt: <small> Always finding a way </small></h5>
  <h6> Packt: <small> Always finding a way </small></h6>
</body>
</html>
```

代码执行后的输出如图 4-3 所示。

可以看到，定义在 \<small\> 标签中的文本比实际的标题样式要更淡、更小一些。

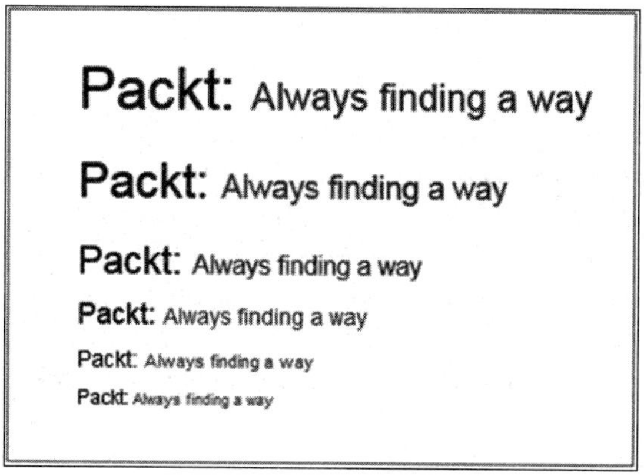

图 4-3

4.1.2 页面主体

Bootstrap 定义了一个和其他段落有所区别的中心段落，它增加了中心段落的下边距和字体尺寸，同时又降低了字体粗细和行高。

中心段落的下边距是正常段落下边距的 2 倍。它的字体尺寸是正常段落字体尺寸的 1.5 倍，因而也是基本字体尺寸的 1.5 倍。

中心段落的字体粗细值是 200，而行高值则是 1.4。

要创建中心段落，可以把 lead 类添加到任何一个段落中。

看看下面的代码，可以更好地理解：

```
<!DOCTYPE html>
<html>
<head>
  <title> The lead class </title>
  <meta name="viewport" content="width=device-width, initial-scale=1.0">
  <link href="css/bootstrap.css" rel="stylesheet" media="screen">
</head>
  <p> Packt has a dedicated customer service department to respond to your questions. </p>
  <br>
  <p class="lead">
```

```
Packt's mission is to help the world put software to work in new
ways
</p>
</html>
```

这段代码执行后的输出结果如图 4-4 所示。

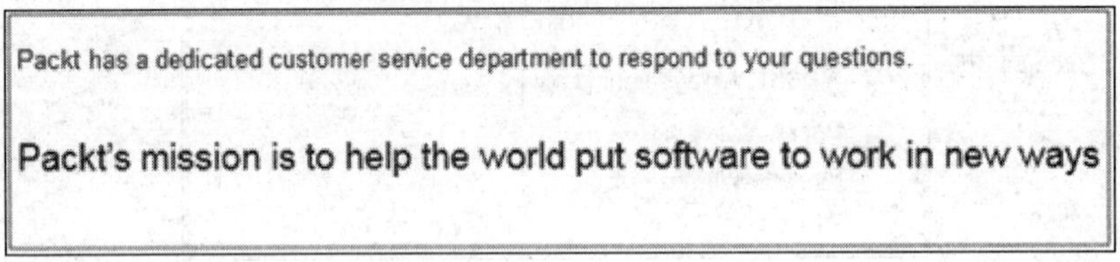

> Packt has a dedicated customer service department to respond to your questions.
>
> Packt's mission is to help the world put software to work in new ways

图 4-4

4.1.3 排版元素

对于常见的排版元素，Bootstrap 为它们提供了在各种浏览器上都一致的样式。你可以使用它们来增强网站内容的语义化。这些 HTML 元素分别是强调内联元素、对齐和强调类、缩略语、地址、引用和列表。

1. 强调内联元素

Bootstrap 为以下几种强调元素提供了默认的样式：

- `<strong>`：在 HTML `<strong>` 标签中的任何文本的字体粗细都会被设置为粗体。这个元素可以让文本在其周围的段落中显得更为重要。不要把 `<strong>` 元素和 `<b>` 元素相混淆，`<b>` 元素没有任何语义上的含义。
- `<em>`：HTML 的 `<em>` 元素可以为文本主体添加重点强调。Bootstrap 会将它的字体样式设置为斜体。请不要将 `<em>` 元素和 HTML 的 `<i>` 元素混淆，`<i>` 元素没有任何语义上的含义。
- `<mark>`：`<mark>` 元素用于突出显示从其他地方引用过来的文本。
- `<u>`：`<u>` 标签可以为文本添加下划线。这个标签可以用来强调重要的术语，或者标记重要的文本。
- `<del>`：`<del>` 标签用于标记从文档中删除的文本块。它通过带中划线的文本来表示。

看看下面的代码可以更好地理解：

```html
<!DOCTYPE html>
<html>
<head>
  <title>Emphasis elements</title>
  <meta name="viewport" content="width=device-width, initial-scale=1.0">
  <link href="css/bootstrap.css" rel="stylesheet" media="screen">
  <style>
    #packt {
      padding-top: 25px;
      padding-bottom: 25px;
      padding-right: 50px;
      padding-left: 50px;
    }
  </style>
</head>
<body id="packt">
  <p>
    <u> Packt Publishing </u><br>
    Founded in 2004 in <strong> Birmingham, UK </strong>, Packt's
    mission is to help the world put software to work in new ways.
  </p>
  <p> Packt achieves it due to the <mark> delivery of effective
    learning and information services </mark>to IT professionals.
  </p>
  <p> Working towards that vision, <del>we have published over
  2000 books and videos </del> so far. </p>
  <p>We have also awarded over $1,000,000 through our <em> Open
  Source Project Royalty scheme. </em></p>
</body>
</html>
```

代码执行之后的输出结果如图 4-5 所示。

图 4-5

从输出结果中可以看出，强调元素可以帮助我们应用内联样式，让相关的文本变得与众不同。

2. 对齐类

Bootstrap 有三个 CSS 类可以让文本在它的父级块元素中居左、居右和居中对齐。这三个 CSS 类分别是：

- `text-left`：与名字的含义一样，这个 CSS 类可以让文本在它的父级块元素中左对齐，这与为元素应用 `text-align` CSS 属性并将值设置为 `left` 的效果是一样的。
- `text-right`：这个类可以让文本在它的父级块元素中右对齐，结果就像给元素应用了 `text-align` CSS 属性并将值设置为 `right`。
- `text-center`：这个类可以让文本在它的父级块元素中水平居中对齐，结果与为元素应用 `text-align` CSS 属性并将值设置为 `center` 是一样的。

除了这三个类，我们还可以使用 `text-justify` 类。

- `text-justify`：这个类可以对文本的每一行进行延伸，这样每一行都有相同的宽度，类似报纸或 Word 文档中文字的两端对齐。

看看下面的代码可以更好地理解：

```
<!DOCTYPE html>
<html>
<head>
  <title>Alignment Classes</title>
  <meta name="viewport" content="width=device-width, initial-scale=1.0">
  <link href="css/bootstrap.css" rel="stylesheet" media="screen">
  <style>
    #packt {
      padding-top: 25px;
      padding-bottom: 25px;
      padding-right: 50px;
      padding-left: 50px;
    }
```

```html
    </style>
  </head>

  <div id="packt">
    <p class="text-left">Packt Publishing</p>
    <p class="text-center">Packt: Always finding a way</p>
    <p class="text-right"> Packt Online library</p>
    <p class="text-justify"> Founded in 2004 in Birmingham, UK,
    Packt's mission is to help the world put software to work in new
    ways, through the delivery of effective learning and information
    services to IT professionals.</p>
  </div>
</html>
```

代码执行之后的输出结果如图 4-6 所示。

```
Packt Publishing
                        Packt: Always finding a way
                                                            Packt Online library
Founded in 2004 in Birmingham, UK, Packt's mission is to help the world put software to work in new
ways, through the delivery of effective learning and information services to IT professionals.
```

图 4-6

从输出结果中可以看到，文本的对齐和前面的代码所定义的效果是一致的。

3. 强调类

Bootstrap 提供了一些 CSS 类，它们可以改变文本的颜色，表示特殊的含义。这些类分别是：

- `text-muted`：这个类会将文本的情景颜色变为浅灰色，颜色可以通过 `@gray-light` 这个 LESS 变量来设置，它可以用来减低文本的重要性。
- `text-warning`：这个类可以将文本的情景颜色修改为橙色，颜色可以通过 `@state-warning-text` 这个 LESS 变量来设置。它可以表示警告或者出现错误的结果。
- `text-danger`：这个类可以将文本的情景颜色修改为红色，颜色可以通过

@state-danger-text 这个 LESS 变量来设置，它可以表示危险的动作、问题或者可能很重要的错误。

- text-success：这个类可以将文本的情景颜色修改为绿色，颜色可以通过 @state-success-text 这个 LESS 变量来设置，它可以表示某个动作（比如表单提交）执行成功。
- text-info：这个类可以将文本的情景颜色修改为蓝色，颜色可以通过 @state-info-text 这个 LESS 变量来设置，它可以表示方便用户看到的一般信息。
- text-primary：这个类可以将文本的情景颜色修改为天蓝色，通常用来表示文本有一定的优先级。

看看下面的代码，对此可以更好地理解：

```
<!DOCTYPE html>
<html>
<head>
  <title>Emphasis Classes</title>
  <meta name="viewport" content="width=device-width, initial-scale=1.0">
  <link href="css/bootstrap.css" rel="stylesheet" media="screen">
  <style>
    #packt {
      padding-top: 25px;
      padding-bottom: 25px;
      padding-right: 50px;
      padding-left: 50px;
    }
  </style>

</head>
<body id ="packt">
  <p class="text-muted"> Bootstrap 2 is outdated </p>
  <p class="text-primary"> Bootstrap 3 is the present version</p>
  <p class="text-success"> Bootstrap is an awesome toolkit for web design </p>
  <p class="text-info"> Bootstrap 4 is expected to be among the forthcoming releases </p>
  <p class="text-warning">Don't mess with me </p>
  <p class="text-danger"> Step with caution </p>
</body>
</html>
```

代码执行之后的输出结果如图 4-7 所示。

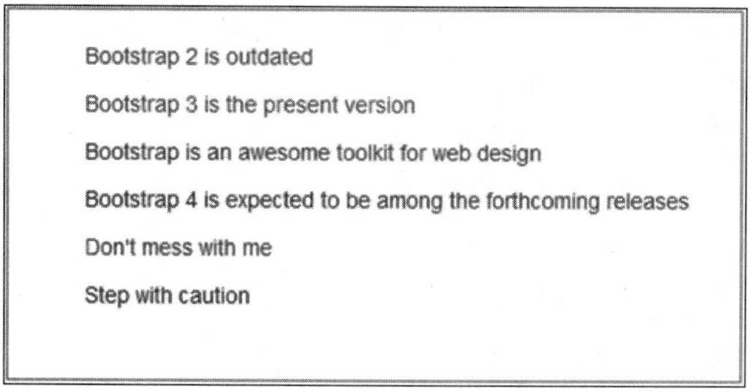

```
Bootstrap 2 is outdated
Bootstrap 3 is the present version
Bootstrap is an awesome toolkit for web design
Bootstrap 4 is expected to be among the forthcoming releases
Don't mess with me
Step with caution
```

图 4-7

与文本颜色一样，我们也可以为元素的背景设置情景颜色，有以下类可供使用：

❑ `bg-primary`

❑ `bg-success`

❑ `bg-info`

❑ `bg-warning`

❑ `bg-danger`

假设我们去掉文本的情景颜色，用情景背景色来代替，我们看到的是如图4-8所示的输出结果（完整的代码可以参考下载的代码包）。

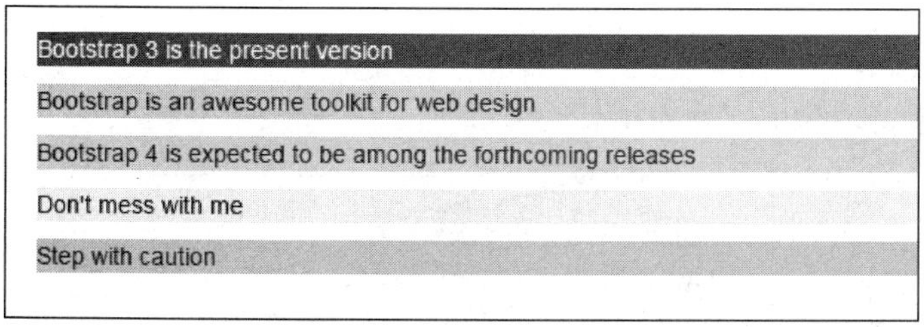

```
Bootstrap 3 is the present version
Bootstrap is an awesome toolkit for web design
Bootstrap 4 is expected to be among the forthcoming releases
Don't mess with me
Step with caution
```

图 4-8

4. 地址

地址应该用HTML元素 `address` 来描述。根据HTML规范，`address` 元素应该用来表示和 article 或 body 元素最接近的联系信息。和联系信息无关的任何地址都应该用 HTML 元素 p 来表示，而不是用 address 元素。

看看下面的代码可以更好地理解：

```
<!DOCTYPE html>
<html>
<head>
  <title>Address</title>
  <meta name="viewport" content="width=device-width, initial-scale=1.0">
  <link href="css/bootstrap.css" rel="stylesheet" media="screen">

  <style>
   #packt {
     padding-top: 25px;
     padding-bottom: 25px;
     padding-right: 50px;
     padding-left: 50px;
   }
  </style>

</head>
<body>
  <address id="packt">
    <strong> Packt Publishing Limited. </strong><br>
    Livery Place, 35 Livery Street,<br>
    Birmingham, West Midlands, B3 2PB<br>
    <a href="mailto:contact@packtpub.com"> Contact us </a>
  </address>
</body>
</html>
```

代码的输出结果如图 4-9 所示。

Packt Publishing Limited.
Livery Place, 35 Livery Street,
Birmingham, West Midlands, B3 2PB
Contact us

图 4-9

从输出结果中亦可看出，Packt Publishing Limited 的地址在 Bootstrap 中被定义在

`<address>` 这个 HTML 标签内。

5. 引用

引用用来表示从其他地方获得的附加文本。我们可以将一个 HTML 段落元素 p 放在 `blockquote` 元素中来显示引用。

Bootstrap 在引用的左侧加上了一条 5 像素长的边线，正如图 4-10 和随后的代码所展示的。边线的颜色是浅灰色的，该颜色可以通过 LESS 变量 `@gray-lighter` 来设置。

看看下面的代码可以更好地理解：

```html
<!DOCTYPE html>
<html>
<head>
  <title>Blockquotes</title>
  <meta name="viewport" content="width=device-width, initial-scale=1.0">
  <link href="css/bootstrap.css" rel="stylesheet" media="screen">
</head>
  <blockquote>
    <p>
    If you are a CakePHP developer looking to ease the burden of
    development, then this book is for you.
    </p>
    <small>CakePHP 2 Application Cookbook <cite title="Source
    Title">by James Watts, Jorge González</cite></small>
  </blockquote>
</html>
```

代码执行之后的输入结果如图 4-10 所示。

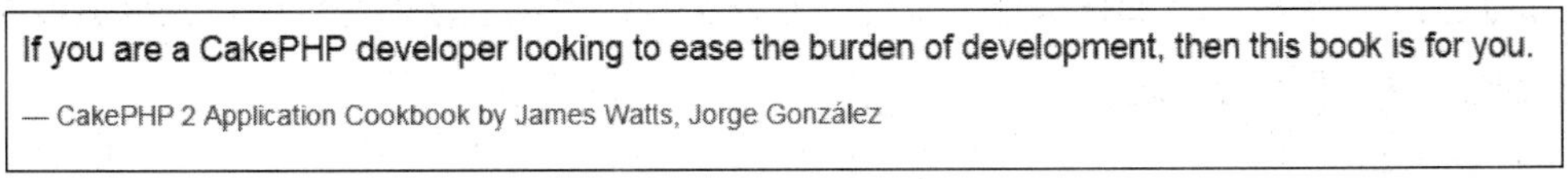

> If you are a CakePHP developer looking to ease the burden of development, then this book is for you.
> — CakePHP 2 Application Cookbook by James Watts, Jorge González

图 4-10

如果看看输出结果和前面的代码，会发现引用的源代码是在 `<small>` 标签中定义的，而表示名字的源代码则定义在 `<cite>` 标签中。

如果需要将内容向右对齐,也可以使用 blockquote-reverse 类。

看看下面的代码示例,可以更好地理解:

```
<!DOCTYPE html>
<html>
<head>
  <title>Blockquote Reverse</title>
  <meta name="viewport" content="width=device-width, initial-scale=1.0">
  <link href="css/bootstrap.css" rel="stylesheet" media="screen">
</head>
<blockquote class="blockquote-reverse">
  <p>If you are a CakePHP developer looking to ease the burden of development, then this book is for you.</p>
  <small>CakePHP 2 Application Cookbook <cite title="Source Title">by James Watts, Jorge González</cite></small>
</blockquote>
</html>
```

代码执行之后的输出结果如图 4-11 所示。

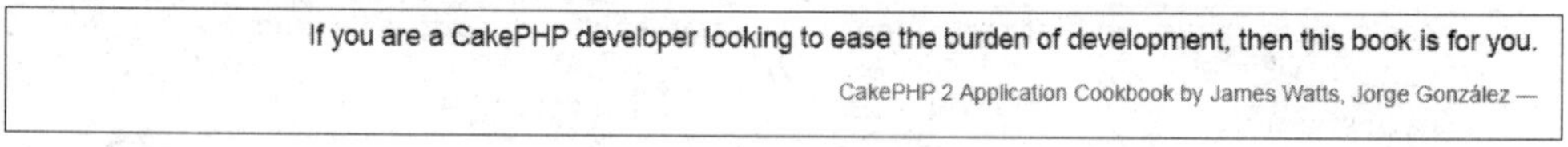

> If you are a CakePHP developer looking to ease the burden of development, then this book is for you.
> CakePHP 2 Application Cookbook by James Watts, Jorge González —

图 4-11

从前面的输出结果中,我们可以清楚地看到引用的文本内容已经向右对齐了。

6. 缩略语

缩略语应该使用 HTML 元素 abbr 来显示。Bootstrap 在缩略语的底部加上了浅灰色的点线,还带有一个 title 属性。此外,它还为我们提供了辅助光标,当鼠标悬停在缩略语上的时候就会出现。

Bootstrap 还提供了 initialism CSS 类,它可以把缩略语的字体尺寸缩小为父字体尺寸的 90%,并将其字母转换为大写字母。

如果我们没有为缩略语添加 title 属性或者 initialism 类,Bootstrap 就不会为它应用任何样式。

下面的代码包含了两个缩略语，其中第二个添加了 initialism CSS 类：

```
<!DOCTYPE html>
<html>
<head>
  <title> Bootstrap Abbreviations </title>
  <meta name="viewport" content="width=device-width, initial-
  scale=1.0">
  <link href="css/bootstrap.css" rel="stylesheet" media="screen">
  <style>
    #packt {
      padding-top: 25px;
      padding-bottom: 25px;
      padding-right: 50px;
      padding-left: 50px;
    }
  </style>
</head>
<body id="packt">
  <p>An abbreviation of the word attribute is
  <abbr title="attribute">attr</abbr>.</p>
  <p>An abbreviation of the expression Hypertext Markup Language
  is <abbr title="Hypertext Markup Language"
  class="initialism">html</abbr>.</p>
</body>
</html>
```

这段代码的输出结果如图 4-12 所示。

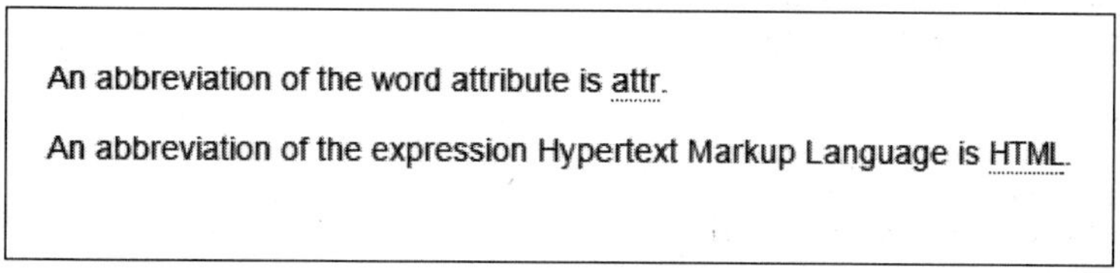

图 4-12

如果我们将鼠标悬停在 HTML 上面，就看到如图 4-13 所示的效果。

从输出结果中我们可以看到，当鼠标悬停在"HTML"上面的时候，出现了代码中定义好的完整解释。

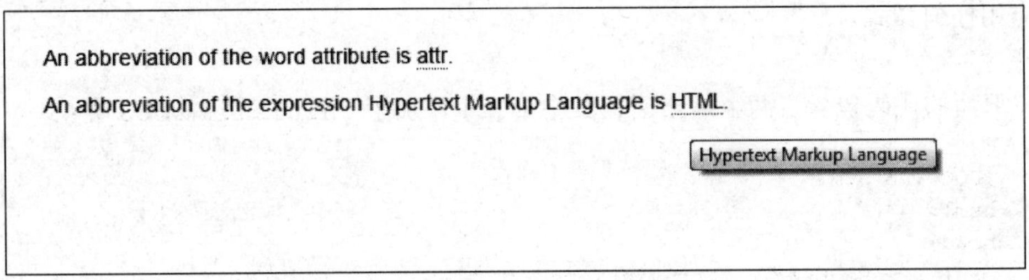

An abbreviation of the word attribute is attr.

An abbreviation of the expression Hypertext Markup Language is HTML.

图 4-13

7. 列表

Bootstrap 让无序列表、有序列表和描述列表（description list）的外边距和内边距变得更为一致。它也提供了一些 CSS 类，可以去掉列表的默认样式或者显示内联列表项。

看看下面的代码可以更好地理解：

```
<!DOCTYPE html>
<html>
<head>
  <title>Ordered and Unordered Lists </title>
  <meta name="viewport" content="width=device-width, initial-scale=1.0">
  <link href="css/bootstrap.css" rel="stylesheet" media="screen">
  <style>
    #packt {
      padding-top: 25px;
      padding-bottom: 25px;
      padding-right: 50px;
      padding-left: 50px;
    }
  </style>
</head>
<body id="packt">
  <h1> Packt Publishing </h1>
  <ul>
    <li> Packt Categories </li>
    <li> Packt Subscription Services </li>
    <ul>
      <li> Mobile Browser App </li>
      <li> PacktLib: Online Library </li>
    </ul>
    <li> News Center</li>
    <li>Packt Blog</li>
  </ul>
  <h1> Reader's space </h1>
  <ol>
```

```
      <li> Packt Tech Hub </li>
      <li> Article Network </li>
      <li> Support </li>
      <li> About us </li>
    </ol>
  </body>
</html>
```

代码的输出结果如图 4-14 所示。

Packt Publishing

- Packt Categories
- Packt Subscription Services
  - Mobile Browser App
  - PacktLib: Online Library
- News Center
- Packt Blog

Reader's space

1. Packt Tech Hub
2. Article Network
3. Support
4. About us

图 4-14

无序列表的顺序是无关紧要的，而有序列表的层级关系是根据定义而确定的。无序列表是在 `<ul>` 标签中定义的，而有序列表则是在 `<ol>` 标签中定义的。同样，从前面的代码和输出结果中，可以看到我们在主无序列表中又嵌入了一个无序列表，结果就是"Mobile Browser App"和"PacktLib：Online Library"文本嵌入在主列表之下。

如果需要的话，我们也可以使用未样式化的列表。

看看下面的代码可以更好地理解：

```
<!DOCTYPE html>
<html>
<head>
  <title>Ordered and Unordered Lists </title>
```

```html
    <meta name="viewport" content="width=device-width, initial-
    scale=1.0">
    <link href="css/bootstrap.css" rel="stylesheet" media="screen">
    <style>
      #packt {
        padding-top: 25px;
        padding-bottom: 25px;
        padding-right: 50px;
        padding-left: 50px;
      }
    </style>
</head>
<body id="packt">
  <h1> Packt Publishing </h1>
  <ul class="list-unstyled">
    <li> About us </li>
    <li> Packt Categories </li>
    <li> Packt Subscription Services </li>
    <ul>
      <li> Mobile Browser App </li>
      <li> PacktLib: Online Library </li>
    </ul>
    <li> News Center</li>
    <li>Packt Blog</li>
  </ul>

  <h1> Reader's space </h1>
  <ol>
    <li> Packt Categories </li>
    <ol class="list-unstyled">
      <li> Web development </li>
      <li> Application development </li>
      <li> Big Data </li>
      <li> Networking and Servers </li>
      <li> Virtualization and cloud </li>
    </ol>
    <li> Packt Tech Hub </li>
    <li> Article Network </li>
    <li> Support </li>
  </ol>
</body>
</html>
```

代码执行后的输出结果如图 4-15 所示。

图 4-15

如果观察输出结果，可以看到在无序列表中，主列表由"About us"、"Packt Categories"、"Packt Subscription Services"、"News Center"和"Packt Blog"构成，它们没有应用任何样式，所以前面没有符号。但是，嵌入的文本列表"Mobile Browser App"和"PacktLib：Online Library"前面有重点符号，也就是说我们需要专门为嵌入的元素加上 `list-unstyled` 类。在"Reader's space"下，我们可以看到嵌入在"Packt Categories"下的有序列表是一个无样式列表，所以它们前面也没有任何的点号，就因为我们为这些嵌入的元素定义了 `list-unstyled` 类。

我们也可以使用 `list-inline` 类，让列表项在单独一行中显示。

看看下面的代码可以更好地理解：

```
<body>
  <ul class="list-inline" id="packt">
    <li> Web development </li>
    <li> Application Development </li>
    <li> Big Data and Business Intelligence </li>
    <li> Virtualization and Cloud </li>
```

```
    <li> Networking and Servers </li>
  </ul>
</body>
```

代码执行之后的输出结果如图 4-16 所示。

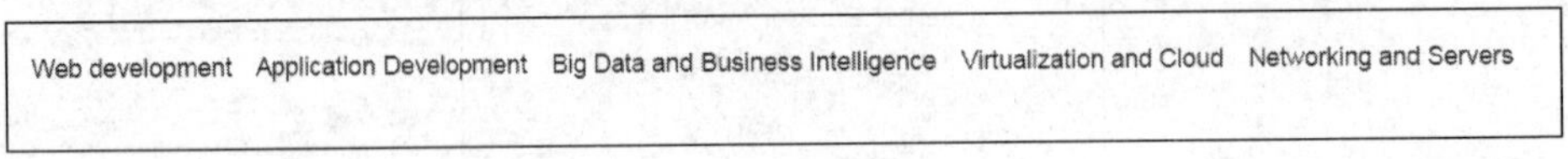

Web development   Application Development   Big Data and Business Intelligence   Virtualization and Cloud   Networking and Servers

图 4-16

可以看到，列表项按照定义的样子显示在一行中。

4.1.4 表格

Bootstrap 提供了一种可以生成简洁表格的高效布局，我们将在接下来这部分内容中进行学习。

基本样式

如果要使用 Bootstrap 提供的基本表格样式，我们需要在代码中为 HTML 的 `table` 标签添加 `table` 这个 CSS 类。

看看下面的代码示例：

```
<!DOCTYPE html>
<html>
<head>
  <title>Bootstrap Tables</title>
  <meta name="viewport" content="width=device-width, initial-scale=1.0">

  <link href="css/bootstrap.css" rel="stylesheet" media="screen">
  <style>
    #packt {
      padding-top: 25px;
      padding-bottom: 25px;
      padding-right: 50px;
      padding-left: 50px;
    }
```

```html
      </style>
  </head>
  <body id="packt">
    <table class="table ">
      <thead>
        <tr>
          <th>First Name</th>
          <th>Last Name</th>
          <th>Role</th>
        </tr>
      </thead>
      <tbody>
        <tr>
          <td>Aravind </td>
          <td>Shenoy</td>
          <td>Technical Content Writer</td>
        </tr>
        <tr>
          <td>Jim</td>
          <td>Morrison</td>
          <td>Awesome Vocalist</td>
        </tr>
        <tr>
          <td>Jimi</td>
          <td>Hendrix</td>
          <td> Amazing Guitarist</td>
        </tr>

      </tbody>
    </table>
  </body>
</html>
```

代码的输出结果如图 4-17 所示。

First Name	Last Name	Role
Aravind	Shenoy	Technical Content Writer
Jim	Morrison	Awesome Vocalist
Jimi	Hendrix	Amazing Guitarist

图 4-17

我们可以修改 LESS 变量 `@table-bg` 的值来设置表格的背景色，它的默认值是透明的。我们也可以使用 `table-bordered` 和 `table-striped` 这两个 CSS 类，为表格应用边框和斑马条纹。

看看下面的代码片段可以更好地理解：

```html
<body id="packt">
    <table class="table table-bordered table-striped">
      <thead>
        <tr>
          <th>First Name</th>
          <th>Last Name</th>
          <th>Role</th>
        </tr>
      </thead>
      <tbody>
        <tr>
          <td>Aravind </td>
          <td>Shenoy</td>
          <td>Technical Content Writer</td>
        </tr>
        <tr>
          <td>Jim</td>
          <td>Morrison</td>
          <td>Awesome vocalist</td>
        </tr>
        <tr>
          <td>Jimi</td>
          <td>Hendrix</td>
          <td> Amazing Guitarist</td>
        </tr>
      </tbody>
    </table>
</body>
```

这段代码执行之后的输出结果如图 4-18 所示。

First Name	Last Name	Role
Aravind	Shenoy	Technical Content Writer
Jim	Morrison	Awesome vocalist
Jimi	Hendrix	Amazing Guitarist

图 4-18

从前面的代码和它的输出结果中，我们可以看到边框和条纹样式已经应用到表格上。条纹的颜色可以通过内置的 LESS 变量 `@table-bg-accent` 来设置，它的默认值是 `#f9f9f9`。边框的颜色可以使用内置的 LESS 变量 `@table-border-color` 来设置。如果我们要开启表格行上的鼠标悬停状态，需要为表格添加 `table-hover` 类。而鼠标悬停时行的背景颜色可以通过内置的 LESS 变量 `@table-g-hoer` 来设置。为了让表格更加紧凑，我们可以使用 `table-condensed` 类。

我们也可以为表格甚至单个单元格添加情景颜色，使用的是 `success`、`warning`、`danger`、`info` 和 `active` 这样的类。例如，在下面的代码中，我们为表格行定义了情景类：

```html
<body id="packt">
    <table class="table ">
      <thead >
        <tr>
          <th>First Name</th>
          <th>Last Name</th>
          <th>Role</th>
        </tr>
      </thead>
      <tbody>
        <tr class="success">
          <td>Aravind </td>
          <td>Shenoy</td>
          <td>Technical Content Writer</td>
        </tr>
        <tr class ="info">
          <td>Jim</td>
          <td>Morrison</td>
          <td>Awesome Vocalist</td>
        </tr>
        <tr class="active">
          <td>Jimi</td>
          <td>Hendrix</td>
          <td> Amazing Guitarist</td>
        </tr>

      </tbody>
    </table>
</body>
```

代码的输出结果如图 4-19 所示。

First Name	Last Name	Role
Aravind	Shenoy	Technical Content Writer
Jim	Morrison	Awesome Vocalist
Jimi	Hendrix	Amazing Guitarist

图 4-19

4.1.5 按钮

我们可以创建按钮并为它们定义情景颜色和尺寸。在 Bootstrap 中，我们还可以定义按钮激活或禁用的状态。我们可以在 <a> 或 <input> 元素上使用 button 类，不过更好的做法是根据适当的语义使用 <button> 元素。

看看下面的代码可以更好地理解：

```
<!DOCTYPE html>
<html>
<head>
  <title>Buttons in Bootstrap</title>
  <meta name="viewport" content="width=device-width, initial-
  scale=1.0">
  <link href="css/bootstrap.css" rel="stylesheet" media="screen">
  <style>
    #packt {
      padding-top: 25px;
      padding-bottom: 25px;
      padding-right: 50px;
      padding-left: 50px;
    }
  </style>
</head>
<body id="packt">
  <h1> <u> Different kinds of buttons in Bootstrap </ul> </h1>
  <br>
    <button type="button" class="btn btn-default">Default
    Button</button>
  <br><br>
    <button type="button" class="btn btn-primary">Primary
    Button</button>
```

```
    <br><br>
      <button type="button" class="btn btn-success btn-lg">Success
      Button</button>
    <br><br>
      <button type="button" class="btn btn-info btn-sm">Info
      Button</button>
    <br><br>
      <button type="button" class="btn btn-warning btn-xs">Warning
      Button</button>
    <br><br>
      <button type="button" class="btn btn-danger">Danger
      Button</button>
    <br><br>
      <button type="button" class="btn btn-link">Link
      Button</button>
  </body>
</html>
```

代码的输出结果如图 4-20 所示。

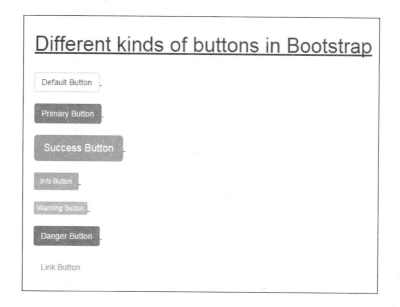

图 4-20

可以看到，情景颜色被应用到了按钮上。我们也可以发现，"Success Button"、"Info Button"、"Warning Button"和其他按钮的大小是不同的，因为我们已经为它们分别定义了 btn-lg、btn-sm 和 btn-xs。

4.1.6 表单

Bootstrap 会对表单域进行自动样式化。根据需要，表单可以被定义为正常、内联（inline）和水平（horizontal）。

看看下面的代码可以更好地理解：

```html
<!DOCTYPE html>
<html>
<head>
  <title>Forms in Bootstrap</title>
  <meta name="viewport" content="width=device-width, initial-scale=1.0">
  <link href="css/bootstrap.css" rel="stylesheet" media="screen">
  <style>
    #packt {
      padding-top: 25px;
      padding-bottom: 25px;
      padding-right: 50px;
      padding-left: 50px;
    }
  </style>
</head>
<body id="packt">
  <form role="form">
    <div class="form-group">
      <label for="enterusername"> Enter Email Address as the
      Username</label>
      <input type="email" class="form-control" id="enterusername"
      placeholder="Enter email">
    </div>
    <div class="form-group">
      <label for="enterpassword">Password</label>
      <input type="password" class="form-control"
      id="enterpassword" placeholder="Password">
    </div>
    <br>
    <div class="form-group">
      <label for="filebrowse">Browse to find file</label>
      <input type="file" id="filebrowse">
    </div>
    <br>
    <div class="checkbox">
      <label> <input type="checkbox"> Keep me signed in </label>
    </div>
    <br>
    <div class="radio">
      <label>
        <input type="radio" name="optionsRadios" value="option1"
        id="radio1">
        Male
```

```
        </label>
      </div>

      <div class="radio">
        <label>
          <input type="radio" name="optionsRadios" value="option2"
          id="radio2">
          Female
        </label>
      </div>
      <br>
      <button type="submit" class="btn btn-default">Login</button>
  </form>
</body>
</html>
```

这段代码执行之后的输出结果如图 4-21 所示。

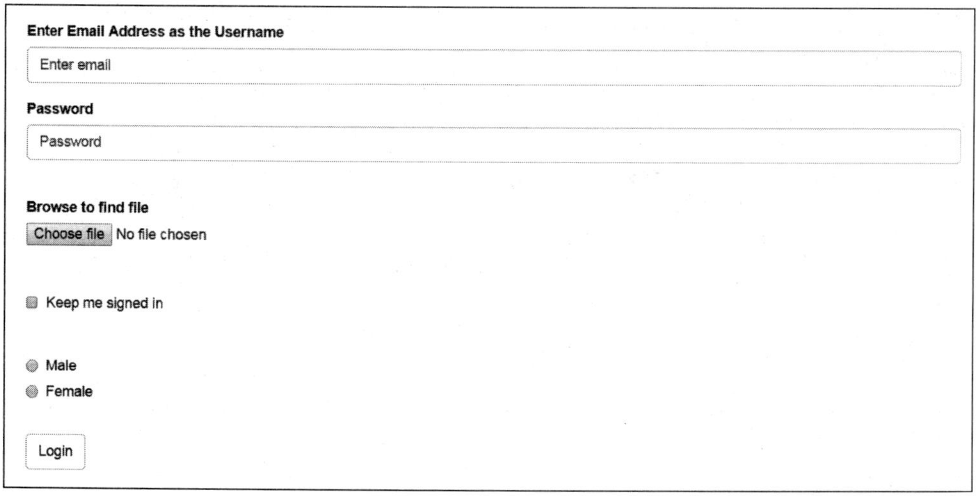

Enter Email Address as the Username
Enter email

Password
Password

Browse to find file
Choose file No file chosen

☐ Keep me signed in

○ Male
○ Female

Login

图 4-21

从输出结果中可以看出，我们可以在 Bootstrap 中创建一个表单。在前面的代码中，我们定义了表单组，然后将基本的元素组合在一起，还定义了几个标签并创建了单选按钮和复选框。

1. 内联表单

表单也能够以内联的方式显示，让输入框紧挨着显示。如果要让输入框显示成一行，需要为表单添加 form-inline 类并为输入框设置一个宽度值，默认的宽度是 100%。

看看下面这个定义在 HTML 文档中的代码块，对此可以更好地理解：

```
<body id="packt">
  <form role="form" class="form-inline">
    <div class="form-group">
      <label for="emailaddress" class="sr-only">Email
      Address</label>
      <input type="email" class="form-control" id="emailaddress"
      placeholder="Enter email">
    </div>
    <div class="form-group">
      <label for="enterpassword" class="sr-only">Password</label>
      <input type="password" class="form-control"
      id="enterpassword" placeholder="Password">
    </div>
    <br><br>
    <div class="checkbox">
      <label> <input type="checkbox"> Keep me signed in </label>
    </div>
    <br><br>
    <div class="radio">
      <label>
        <input type="radio" name="optionsRadios" value="option1"
        id="radio1">
        Male
      </label>
    </div>

    <div class="radio">
      <label>
        <input type="radio" name="optionsRadios" value="option2"
        id="radio2">
        Female
      </label>
    </div>
    <br><br>
    <p> Enter your comments in the following box </p>
    <br>
    <textarea rows="5" cols="70" placeholder="Your feedback is
    important to us">
    </textarea>
    <br><br>
    <button type="submit" class="btn btn-default">Login</button>
  </form>
</body>
```

代码执行之后的输出结果如图 4-22 所示。

图 4-22

如果观察代码和上面的输出结果，可以看到内联样式已经被应用到表单上，因为e-mail和密码两个文本框已经处在同一行中了。从代码中可以发现，尽管我们已经为e-mail和Password域都定义了标签，但因为定义了 `sr-only` 类，所以它们都被隐藏了。

> **注意** 如果没有为每个输入框加上一个标签，屏幕阅读程序在处理你的表单时可能会存在一些障碍。对于这样的内联表单，我们可以使用 `sr-only` 类来隐藏标签。在设计时，我们应该考虑到屏幕阅读程序的可访问性。我们使用这个类可以把元素隐藏起来，在视觉上也看不出有什么差异。

2. 水平表单

我们可以为表单添加 `form-horizontal` 类，并使用带有 Bootstrap 栅格类的 div 元素，实现表单标签和域的水平对齐。

看看下面这个 HTML 文档中的示例代码，我们对此可以更好地理解：

```html
<form class="form-horizontal" role="form">
  <div class="form-group" form-group-lg>
    <label for="Email_user" class="col-sm-2 control-label">Login</label>
    <div class="col-sm-4">
      <input type="email" class="form-control" id="Email_user" placeholder="Email OR Username">
    </div>
  </div>
  <div class="form-group" form-group-sm>
    <label for="inputPassword" class="col-sm-2 control-label">Password</label>
    <div class="col-sm-4">
      <input type="password" class="form-control" id="inputPassword" placeholder="Password">
    </div>
  </div>
  <div class="form-group">
    <div class="col-sm-offset-2 col-sm-4">
      <button type="submit" class="btn btn-primary"> Login </button>
    </div>
  </div>
</form>
```

代码的输出如图 4-23 所示。

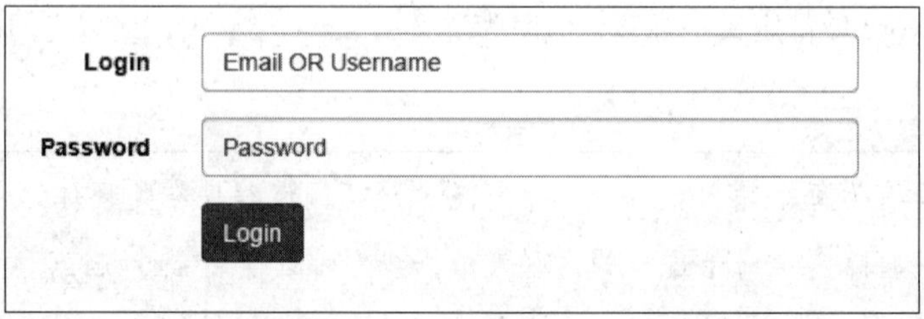

图 4-23

可以看到，该表单具有水平的布局。我们也可以在 `<span>` 元素中使用 `help-block` 类，包含块级的帮助文本。我们还可以使用 `has-success` 和 `has-feedback` 这样的类，在水平和内联表单中使用一些可选的图标，进一步增强表单的功能。

4.1.7 代码

我们可以使用 `<code>` 标签将内联的代码片段包起来。但是，如果有多个代码块，

我们就要使用 `<pre>` 标签。

看看下面的代码，有助于我们更好地理解：

```html
<!DOCTYPE html>
<html>
<head>
  <title>Using the Bootstrap Grid classes</title>
  <meta name="viewport" content="width=device-width, initial-scale=1.0">
  <link href="css/bootstrap.css" rel="stylesheet" media="screen">
  <style>
    #packt {
      padding-top: 25px;
      padding-bottom: 25px;
      padding-right: 50px;
      padding-left: 50px;
    }
  </style>
</head>
<body id ="packt">
  <code>The &lt;p&gt; element</code>
  <pre>
    &lt;p class="text-left"&gt;Left aligned text.&lt;/p&gt;
    &lt;p class="text-center"&gt;Center aligned text.&lt;/p&gt;
    &lt;p class="text-right"&gt;Right aligned text.&lt;/p&gt;
    &lt;p&gt; Sample text here... &lt;/p&gt;
  </pre>
</body>
</html>
```

这段代码的输出结果如图 4-24 所示。

```
The <p> element
<p class="text-left">Left aligned text.</p>
<p class="text-center">Center aligned text.</p>
<p class="text-right">Right aligned text.</p>
<p> Sample text here... </p>
```

图 4-24

对于 `<code>` 标签中的尖括号，必须要用 < 和 > 来代替。

4.1.8 图片

在Bootstrap中，`<image>`元素被用来在文档中嵌入和样式化图片。我们也可以使用一些内置的类来样式化图片，实现圆角或者缩略图效果。

我们可以使用`img-responsive`类，让图片成为响应式的。如果使用这个属性，我们可以将图片的最大宽度设置为100%，并为它设置可自动调整的高度，让图片可以根据父元素的大小灵活地缩放。

看看下面的代码可以更好地理解：

```html
<!DOCTYPE html>
<html>
<head>
  <title>Images in Bootstrap</title>
  <meta name="viewport" content="width=device-width, initial-scale=1.0">
  <link href="css/bootstrap.css" rel="stylesheet" media="screen">
  <style>
    #packt {
      padding-top: 25px;
      padding-bottom: 25px;
      padding-right: 50px;
      padding-left: 50px;
    }
  </style>
</head>
<body id="packt">
  <img src="packt_sample.png"    class="img-rounded" height="150" width="130">
  <br><br>
  <img src="packt_sample.png"    class="img-circle">
  <br><br>
  <img src="packt_sample.png"    class="img-thumbnail" height="75" width="75">
</body>
</html>
```

这段代码执行之后的输出结果如图4-25所示。

图 4-25

4.1.9 字体系列

Bootstrap 默认包含了 sans-serif、serif 和 monospace 这几种字体系列。

1. Sans-serif 字体系列

Bootstrap 默认的 sans-serif 字体系列是 "Helvetica Neue"、Helvetica、Arial 和 sans-serif，其可以通过 LESS 变量 @font-family-sans-serif 进行修改，这一字体系列也被赋给 LESS 变量 @font-family-base，这个变量设置了 Bootstrap 在所有地方使用的基本字体系列。

2. Serif 字体系列

Bootstrap 中使用的默认 serif 字体系列是 Georgia、"Times New Roman"、times、serif，该字体系列可以通过 LESS 变量 @font-family-serif 进行设置。

这个字体系列并不是默认使用的，但你可以直接使用 LESS 变量 @font-family-serif，或者可以把它赋给 LESS 变量 @font-family-base，让它在所有地方代替sans-serif字体。

3. Moospace字体系列

可以用来显示等宽文本（即 `<code>` 和 `<pre>`HTML 标签）的字体系列是 `Monaco`、`Menlo`、`Consolas`、`"Courier New"`、`monospace`，对应的 LESS 变量是 `@font-family-monospace`。

4.1.10 字体尺寸

Bootstrap 提供的默认的 HTML 元素的字体尺寸是一致的，我们可以修改 LESS 变量得到我们需要的尺寸。

1. 字体尺寸变量

Bootstrap 有各种 LESS 变量可以定制字体尺寸：

- `@font-size-base`：这是 Bootstrap 使用的基本字体尺寸。默认情况下，所有的段落都会使用这一字体尺寸，其他 HTML 元素如列表和代码也可以使用它。`@font-size-base` 的默认值是 14px，我们可以在自定义的 LESS 样式表中添加一行代码对它进行修改，后面将会介绍。
- `@font-size-base : 16px`：像标题和引用这样的 HTML 元素并不会使用基本的字体尺寸；反之，它们使用的字体尺寸是基本字体尺寸的倍数。改变基本的字体尺寸也会改变这些 HTML 元素的字体尺寸，这样可以保证整个网站设计的一致性，不会导致元素相互之间不成比例。
- `@font-size-large`：这是用于大按钮和表单域、大页码和导航栏品牌名称的字体尺寸。默认值是 18px，大约就是基本字体尺寸 14px 的 1.25 倍。
- `@font-size-small`：这是用于小按钮和表单域、小页码、徽章和进度栏的字体尺寸。默认值是 12px，大约就是基本字体尺寸 14px 的 0.85 倍。

2. 标题字体尺寸

我们也可以对标题的字体尺寸进行控制，在自定义的 LESS 文件中，可以使用下面的代码为标题指定不同的值。标题的默认字体尺寸如下：

- `@font-size-h1: 36px`。
- `@font-size-h2: 30px`。
- `@font-size-h3: 24px`。
- `@font-size-h4: 18px`。
- `@font-size-h5: 14px`。
- `@font-size-h6: 12px`。

通过在自定义的 LESS 文件中修改这些值，我们可以改变这些变量的大小。

4.2　使用 LESS 变量自定义基本 CSS 样式

Bootstrap 可以用于组件上的 LESS 变量及其默认值如下：

```
@padding-base-vertical:        6px;
@padding-base-horizontal:      12px;

@padding-large-vertical:       10px;
@padding-large-horizontal:     16px;

@padding-small-vertical:       5px;
@padding-small-horizontal:     10px;

@padding-xs-vertical:          1px;
@padding-xs-horizontal:        5px;

@line-height-large:            1.33;
@line-height-small:            1.5;

@border-radius-base:           4px;
@border-radius-large:          6px;
@border-radius-small:          3px;

@component-active-color:       #fff;
@component-active-bg:          @brand-primary;
```

```
@caret-width-base:          4px;
@caret-width-large:         5px;
```

我们可以用下面的代码来改变占位符（placeholder）的情景颜色：

```
.placeholder(@color: @input-color-placeholder) {
  &::-moz-placeholder           { color: @color; } // Firefox
  &:-ms-input-placeholder       { color: @color; } // Internet Explorer 10+
  &::-webkit-input-placeholder  { color: @color; } // Safari and Chrome
}
```

Bootstrap 分别用 `@body-bg: #fff;` 和 `@text-color: @black-50;` 来设置页面主体的背景和文本颜色，我们可以为这两个变量指定不同的值来修改背景颜色和文本颜色。

我们也可以根据自己的喜好，为下面的变量赋值，对链接进行样式化：

```
@link-color:        @brand-primary;
@link-hover-color:  darken(@link-color, 15%);
```

看看下面的代码，有助于我们理解如何使用 LESS 变量定制基本 CSS 样式：

```
<!DOCTYPE html>
<html>
<head>
  <title> Base Css with LESS </title>
  <meta name="viewport" content="width=device-width, initial-scale=1.0">
  <link href="css/bootstrap.css" rel="stylesheet" media="screen">
  <style>
    #packt {
      padding-top: 25px;
      padding-bottom: 25px;
      padding-right: 50px;
      padding-left: 50px;
    }
    hr { background-color: red; height: 1px; border: 0; }
  </style>
  <link href="css/style.css" rel="stylesheet" media="screen">
</head>
<body id="packt">
  <h1> Manipulating Bootstrap Base Css with LESS </h1>
  <hr>
    <h6> Packt Publishing </h2>
```

```html
    <p>Packt's mission is to help the world put software to work
    in new ways.</p>
  <hr>
  <form role="form">
    <div class="form-group">
      <label for="enterusername"> Enter Email Address as the
      Username</label>
      <input type="email" class="form-control"
      id="enterusername" placeholder="Enter email">
    </div>
    <div class="form-group">
      <label for="enterpassword">Password</label>
      <input type="password" class="form-control"
      id="enterpassword" placeholder="Password">
    </div>
    <br>
    <div class="form-group">
      <label for="filebrowse">Browse to find file</label>
      <input type="file" id="filebrowse">
    </div>
    <br><br>

    <button type="submit" class="btn btn-
    primary">Login</button>
  </form>
</body>
</html>
```

代码的输出结果如图 4-26 所示。

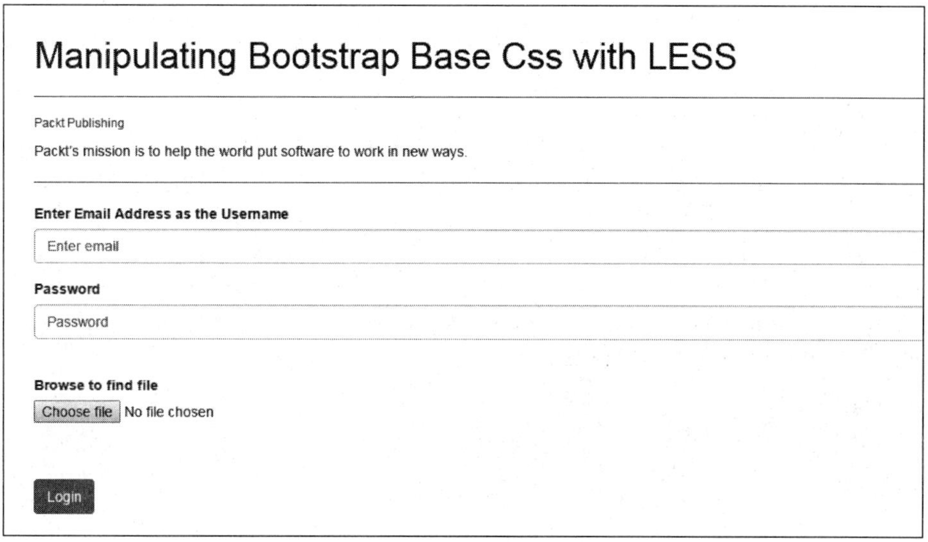

图 4-26

从前面的代码和输出结果中可以发现我们还没有定义 `style.less` 文件。

首先，请从源代码中复制 less 文件并将其粘贴到 css 目录中一个名为 bootstrap 的文件夹中，类似我们在第 3 章所实现的。之后，请在 css 目录中创建一个 `style.less` 文件，并将下面的代码复制到 `style.less` 文件中。

```
@import "bootstrap/bootstrap.less";
@font-size-base: 15px;
@font-size-h1: 20px;
@font-size-h6: 45px;
@body-bg: #996600;
@input-bg: #FFFF99;
@btn-primary-color: #00FF33;
@btn-primary-bg: #660000;
```

在这段代码中，我们将 `font-size-base` 的值修改为 15px，标题 `<h1>` 和 `<h6>` 的字体尺寸分别修改为 20px 和 45px，body 的背景颜色修改为 #99660，而输入表单域的颜色修改为 #FFFF99。最后，我们将主按钮的颜色修改为 #00FF33，将它的背景颜色修改为 #660000。保存文件并用 SimpLESS 或 WinLess 编译器将 `style.less` 文件转换为 `style.css`。

执行之后，我们会看到如图 4-27 所示效果，其中包含了所有的修改。

图 4-27

从前面的代码和输出结果中，我们可以看到 Bootstrap 的一些样式和内边距样式已经被 `style.css` 文件覆盖了，导致输出结果发生了变化。所以说，我们可以使用 LESS 变量来修改绝大多数的基本 CSS 样式。

4.3 小结

在本章，我们学习了 Bootstrap 提供的基本 CSS 样式，也学习了不同类型的排版元素、强调类和强调元素、表单、表格、按钮等内容。最后，我们学习了如何在 LESS 变量的帮助下定制基本 CSS 样式。

在第 5 章，我们将学习 Bootstrap 所包含的一些流行的 CSS 组件，以及如何在项目中使用它们，让我们可以轻松地构建网站。

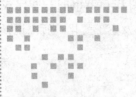

Chapter 3

第 5 章
添加 Bootstrap 组件

栅格和基本的 CSS 样式构成了 Bootstrap 坚固的基础,而组件在 Bootstrap 中也是不可或缺的利器。它们是一些独立的标记片段,有时也会集成一些 JavaScript 功能,随时可供我们在网页中选择、复制和使用。

诸如**模块性**(modularity)、**代码可重用性**(code reusability)和**职责分离**(separation of responsibilities)这样的一些术语一直以来和网页开发都是密不可分的。这些特性使得代码变得更容易维护、更具可读性,也可以节省开发人员大量的时间和精力,形成一种系统化、井然有序的开发方式。

在本章,我们将学习以下 Bootstrap 组件:

❑ 字体图标(glyphicon)

❑ 导航(nav)

❑ 导航标签页(nav tab)

❑ 胶囊式标签页(nav pill)

❑ 导航条(navbar)

❑ 下拉菜单(dropdown)

❑ 路径导航(breadcrumb)

5.1 组件及其用途

在 Bootstrap 中，组件可以被独立地使用，它的默认样式已经在 Bootstrap 主 CSS 样式中进行了定义（尽管少数可能还需要 JavaScript 支持）。因此，我们可以根据自己的需要，生成一个组件的许多不同实例，并为这些实例应用相同的视觉样式，节省自己宝贵的时间和精力，从而将精力放在开发过程中更重要的地方。

5.1.1 字体图标

字体图标（glyphicon）是一种实现单色图标和符号的实用方法，重点就在于它的简洁易用。字体图标的创作者已经为 Bootstrap 提供了一些免费的图标，其官方网页（http://glyphicons.com/）上包含了所有图标的详细清单。在开发复杂网站的时候，这些图标有很大的作用，因为多数时候图标更胜于文字。

图 5-1 展示了 Bootstrap 中广泛使用的字体图标。

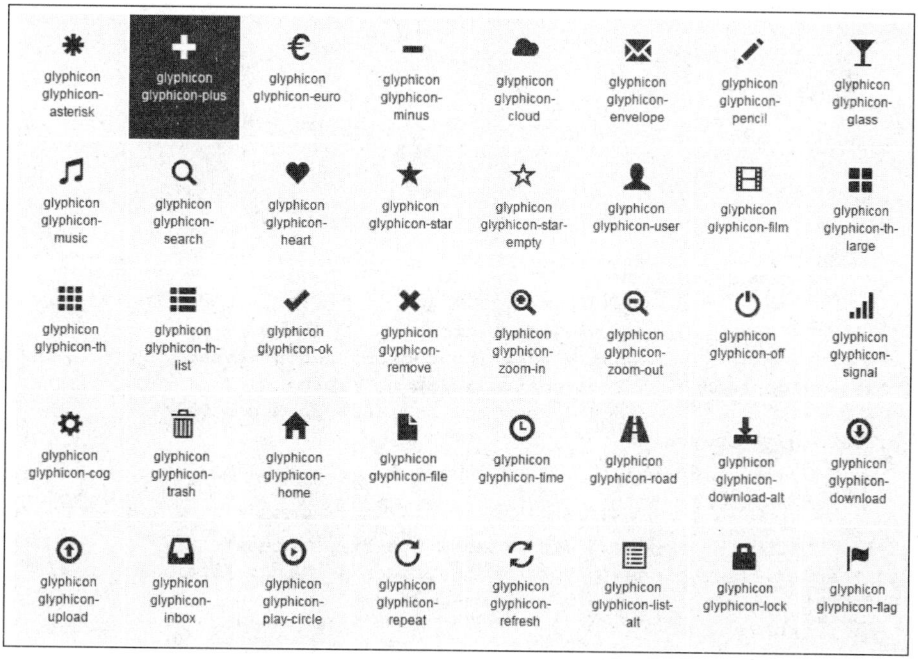

图 5-1

看看下面的代码可以更好地理解：

```
<!DOCTYPE html>
<html>
<head>
<title> Bootstrap 3 Glyphicons</title>
<link rel="stylesheet" href="http://maxcdn.bootstrapcdn.com/
bootstrap/3.2.0/css/bootstrap.min.css">
<link rel="stylesheet" href="http://maxcdn.bootstrapcdn.com/
bootstrap/3.2.0/css/bootstrap-theme.min.css">
<script src="http://ajax.googleapis.com/ajax/libs/jquery/1.11.1/
jquery.min.js"></script>
<script src="http://maxcdn.bootstrapcdn.com/bootstrap/3.2.0/js/
bootstrap.min.js"></script>
<style type="text/css">
    #pub {
      padding: 50px 100px 50px 50px;;
    }
   #packt{
    float:right;
    display:block;
    margin-right:0px;
    clear:left;
}
    #packtpub{
    float:right;
    display:block;
    margin-right:0px;
    clear:left;
}
</style>
</head>
<body>
<div id="pub">
    <form>
        <div class="row">
            <div class="col-xs-7">
                <div class="input-group">
                    <span class="input-group-addon"><span class="glyphicon glyphicon-search"></span></span>
                    <input type="text" class="form-control" placeholder="Search ">
                </div>
            </div>
        <br><br>
         <button type="submit" class="btn btn-success" id="packt"><span class="glyphicon glyphicon-log-in"></span> Login </button>
        <br>
        <br>
        <button type="submit" class="btn btn-default"><span
```

```
            class="glyphicon glyphicon-envelope"></span> Mail</button>
        <br>
        <br>
        <button type="submit" class="btn btn-default"><span
class="glyphicon glyphicon-user"></span> Find Friends </button>
        <br>
        <br>
        <button type="submit" class="btn btn-warning"><span
class="glyphicon glyphicon-trash"></span> Empty Trash </button>
        <br><br><br>
        <p> To get rid of malware, Click on the following button </p>
        <button type="submit" class="btn btn-danger"><span
class="glyphicon glyphicon-log-out"></span> Clean System</button>
          <br><br>
           <button type="submit" class="btn btn-success"
id="packtpub"><span class="glyphicon glyphicon-log-out"></span> Log
out</button>
        </div>
</form>
</div>
</body>
</html>
```

这段代码执行之后的输出结果如图 5-2 所示。

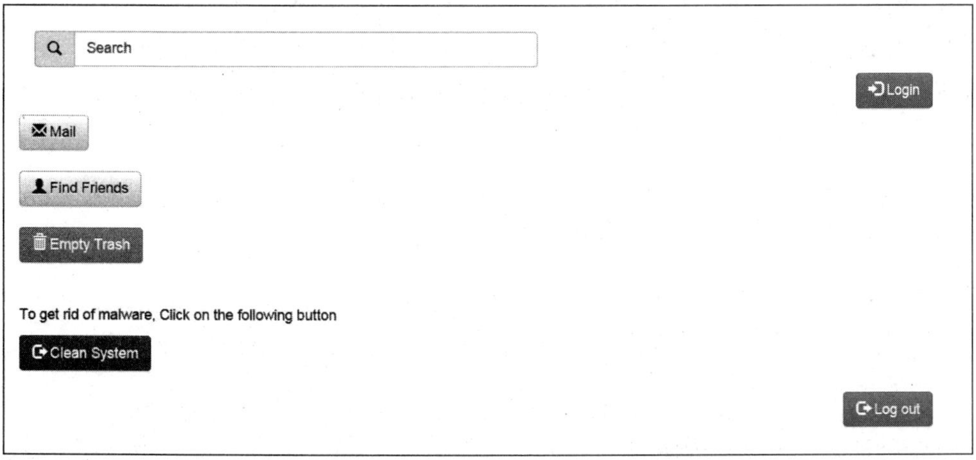

图 5-2

在 `<head>` 部分，除了自定义的 CSS 样式，我们还包含了 Bootstrap 的 JavaScript 文件和与 Bootstrap 主题有关的 CSS 文件。我们通过 `<span class="glyphicon glyphicon-search"></span>` 代码来对搜索图标进行定义。类似地，我们也使用

了`<span class="glyphicon glyphicon-log-in"></span>`代码添加Login图标。因此，所有的图标都需要通过基本类以及对应的icon类去定义。但是，有一点需要注意，图标类不能直接与其他组件相结合，在同一个元素上也不能与其他类一起使用。也就是说，要将嵌入的`<span>`标签放在内联元素中，该`<span>`标签的类必须定义为glyphicon。

> 提示 在所有的代码示例中，我们可能都设置了内边距或者外边距，这样输出的结果就不会太过靠近界面的左侧，这么做除了可以提升设计的美观性，还可以让我们方便地进行截图。

5.1.2 导航标签页

导航组件可以对列表进行修饰，从而生成漂亮的导航元素。在HTML中，列表是可嵌套的元素，能够以有序（`<ol>`）或无序（`<ul>`）的方式列举出各种信息，根据采用方式的不同，它会以枚举的方式或者按照实际的优先级顺序将信息呈现出来。通过使用Bootstrap，我们可以去掉浏览器默认显示的列表样式，让每个链接以块的形式显示出来。

看看下面的代码可以更好地理解：

```
<!DOCTYPE html>
<html>
<head>
<title>Bootstrap Nav and Nav Tabs</title>
<link rel="stylesheet" href="http://maxcdn.bootstrapcdn.com/bootstrap/3.2.0/css/bootstrap.min.css">
<link rel="stylesheet" href="http://maxcdn.bootstrapcdn.com/bootstrap/3.2.0/css/bootstrap-theme.min.css">
<script src="http://ajax.googleapis.com/ajax/libs/jquery/1.11.1/jquery.min.js"></script>
<script src="http://maxcdn.bootstrapcdn.com/bootstrap/3.2.0/js/bootstrap.min.js"></script>
<style type="text/css">
    .packt{
      margin: 25px 50px 75px 100px;
```

```
        }
</style>
</head>
<body>
<div class="packt">
   <ul class="nav">
        <li class="active"><a href="#"> <span class="glyphicon
glyphicon-sd-video"> </span> Videos</a></li>
        <li><a href="#"> <span class="glyphicon glyphicon-book"> </
span> Books</a></li>
        <li><a href="#"> <span class="glyphicon glyphicon-inbox"> </
span> Inbox</a></li>
   </ul>
</div>
</body>
</html>
```

这段代码的输出结果如图 5-3 所示。

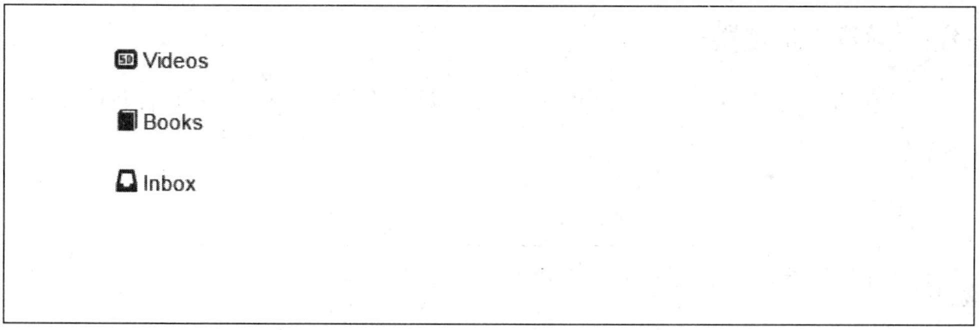

图 5-3

可以看到，`<nav>` 元素已经没有了列表的样式，我们也为列表中的每一个链接添加了字体图标以增强效果。

现在，我们再加上 `.nav-tabs` 类和 `.nav` 类。因此，修改后的代码片段如下：

```
<ul class="nav nav-tabs">
        <li class="active"><a href="#"> <span class="glyphicon
glyphicon-sd-video"> </span> Videos</a></li>
        <li><a href="#"> <span class="glyphicon glyphicon-book"> </
span> Books</a></li>
        <li><a href="#"> <span class="glyphicon glyphicon-inbox"> </
span> Inbox</a></li>
   </ul>
```

代码执行之后的输出结果如图 5-4 所示。

图 5-4

从输出结果中可以看到，添加了 .nav-tabs 类之后，菜单项就会以标签页的形式显示出来，一个靠着一个，而不是垂直堆叠的。此外，菜单项的宽度还取决于文本的长度。

5.1.3 胶囊式标签页

为了获得胶囊式的导航标签效果，我们需要用 .nav-pills 类来替换 .nav-tabs 类。

 胶囊样式可以应用到水平分布的链接或者按钮上，其视觉样式可以表示出相互间的关系。

看看下面的代码片段可以更好地理解：

```
<div class="packt">
  <ul class="nav nav-pills">
      <li class="active"><a href="#"> <span class="glyphicon glyphicon-sd-video"> </span> Videos</a></li>
      <li><a href="#"> <span class="glyphicon glyphicon-book"> </span> Books</a></li>
      <li><a href="#"> <span class="glyphicon glyphicon-inbox"> </span> Inbox</a></li>
  </ul>
</div>
```

代码的输出结果如图 5-5 所示。

图 5-5

我们用下面这行代码将 .nav-stacked 类添加到 .nav-pills 类上：

`<ul class="nav nav-pills nav-stacked">`

代码执行之后的输出结果如图 5-6 所示。

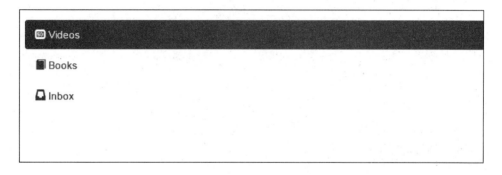

图 5-6

从输出结果中可以看到，这些胶囊标签现在变成垂直排列的。

5.1.4 两端对齐的标签和胶囊式标签

为了让标签页和胶囊式标签页的宽度与父元素的宽度一致，我们可以添加一个额外的类 .nav-justified。但是，在屏幕尺寸小于 768 像素的时候，导航链接将会被堆叠起来。

看看下面的代码片段可以更好地理解：

```
<body>
<div class="packt">
<h3> Justified tabs for Nav-Tabs </h3>
```

```html
    <ul class="nav nav-tabs nav-justified">
    <li class="active"><a href="#">Guitar</a></li>
        <li><a href="#">Violin</a></li>
        <li><a href="#">Saxophone</a></li>
    <li class="disabled"><a href="#">Harp</a></li>
        </ul>
    <br><hr><br>
<h3> Justified tabs for Nav-Pills </h3>
        <ul class="nav nav-pills nav-justified">
        <li class="active"><a href="#">Guitar</a></li>
        <li><a href="#">Violin</a></li>
        <li><a href="#">Saxophone</a></li>
    <li class="disabled"><a href="#">Harp</a></li>
        </ul>
</div>
</body>
```

代码的输出结果如图 5-7 所示。

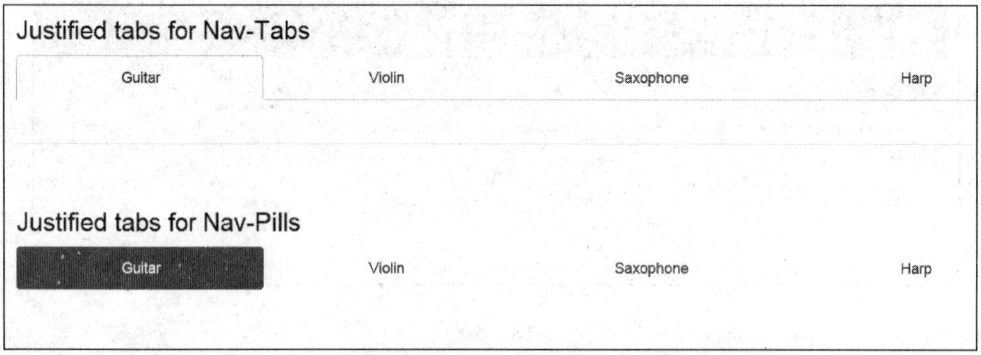

图 5-7

从输出结果中我们可以看到，导航标签页和胶囊标签页的宽度与父元素的宽度是相同的。

5.1.5 下拉菜单

如果在一个页面上有许多的链接，页面可能会变得庞大而拥挤。为了避免出现这样的情况，我们可以采用的一种高效方法就是使用下拉菜单，这样我们只需利用一小部分屏幕区域，就可以把尽可能多的链接包含在页面中。

我们也可以为按钮、标签页、胶囊式标签页和导航条等添加下拉菜单。在下面的

代码示例中,我们将为 .nav-tabs 创建一个下拉菜单:

```html
<!DOCTYPE html>
<html>
<head>
<title> Dropdowns in Bootstrap 3 </title>
<link rel="stylesheet" href="http://maxcdn.bootstrapcdn.com/bootstrap/3.2.0/css/bootstrap.min.css">
<link rel="stylesheet" href="http://maxcdn.bootstrapcdn.com/bootstrap/3.2.0/css/bootstrap-theme.min.css">
<script src="http://ajax.googleapis.com/ajax/libs/jquery/1.11.1/jquery.min.js"></script>
<script src="http://maxcdn.bootstrapcdn.com/bootstrap/3.2.0/js/bootstrap.min.js"></script>
<style type="text/css">
    #packt{
      padding: 30px;
    }
</style>
</head>
<body id="packt">
<div>
    <ul class="nav nav-tabs">
        <li class="active"><a href="#"> <span class="glyphicon glyphicon-home"> </span> Packt Home Page</a></li>
        <li><a href="#"> <span class="glyphicon glyphicon-user"> </span> Authors</a></li>
        <li class="dropdown">
            <a href="#" data-toggle="dropdown" class="dropdown-toggle"> Blogs <b class="caret"></b></a>
            <ul class="dropdown-menu">
                <li><a href="https://www.packtpub.com/books/content/blogs"><span class="glyphicon glyphicon-book">

</span> Blog </a></li>
                <li><a href="https://www.packtpub.com/books/content/tech-hub"><span class="glyphicon glyphicon-

bookmark"> </span> Tech Hub </a></li>
                <li><a href="https://www.packtpub.com/books/content/article-network"><span class="
glyphicon glyphicon-book"> </span> Article Network </a></li>
                <li class="divider"></li>
                <li><a href="https://www.packtpub.com/books/content/support">Support</a></li>
            </ul>
        </li>
    </ul>
</div>
```

```
</body>
</html>
```

代码执行之后的输出结果如图 5-8 所示。

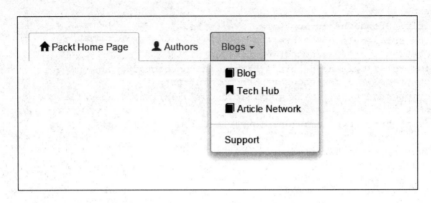

图 5-8

如果观察代码和其输出结果，就知道我们创建了导航标签页并定义了列表项，此外还对列表使用了字体图标。现在，我们要指定一个 drop-down 类，并为 anchor 标签添加下拉菜单触发器，然后创建一个下拉箭头，并用 `data-toggle="dropdown"` 属性定义下拉功能。在列表中创建好 **Blog**、**Tech Hub** 和 **Article Netword** 这些项目之后，我们定义了一个 `.divider` 类，对下拉菜单进行分隔。随后，我们在列表中定义了 **Support** 项，单击 **Blogs** 标签页，就可以看到下拉菜单已经生成了，其中有一条分隔线将前三项与 **Support** 项分隔开。

这一过程同样也可以应用在 `.nav-pills` 和按钮上，还可以应用在导航条上，我们将在接下来的例子中进行介绍。

5.1.6 导航条

导航条组件可以让我们生成一些独立的区块，用于整个应用程序的头部，为页面内容提供通用的次级菜单，或者用来作为与导航相关的各种元素的框架。我们可以使用简单的导航元素或者带有表单、搜索框和下拉菜单的导航条开发出固定在某个位置上的导航条。

看看下面的代码可以更好地理解：

```html
<!DOCTYPE html>
<html>
<head>
<title> Boostrap NavBar </title>
<link rel="stylesheet" href="http://maxcdn.bootstrapcdn.com/
bootstrap/3.2.0/css/bootstrap.min.css">
<link rel="stylesheet" href="http://maxcdn.bootstrapcdn.com/
bootstrap/3.2.0/css/bootstrap-theme.min.css">
<script src="http://ajax.googleapis.com/ajax/libs/jquery/1.11.1/
jquery.min.js"></script>
<script src="http://maxcdn.bootstrapcdn.com/bootstrap/3.2.0/js/
bootstrap.min.js"></script>
<style type="text/css">
    .packt{
      padding: 30px;
    }
</style>
</head>
<body class="packt">
<div>
    <nav role="navigation" class="navbar navbar-default">
        <div class="navbar-header">
            <button type="button" data-target="#navbarCollapse" data-toggle="collapse" class="navbar-toggle">
                <span class="sr-only">Toggle navigation</span>
                <span class="icon-bar"></span>
                <span class="icon-bar"></span>
                <span class="icon-bar"></span>
            </button>
            <a href="#" class="navbar-brand">Packt Publishing</a>
        </div>
        <div id="navbarCollapse" class="collapse navbar-collapse">
            <ul class="nav navbar-nav">
                <li class="active"><a href="#"> Books and Videos </a></li>
                <li><a href="#"> Articles </a></li>
                <li class="dropdown">
                    <a data-toggle="dropdown" class="dropdown-toggle" href="#"> Categories <b class="caret"></b></a>
                    <ul role="menu" class="dropdown-menu">
                        <li><a href="#"> Web development </a></li>
                        <li><a href="#"> Game Development </a></li>
                        <li><a href="#"> Big Data and Business Intelligence </a></li>
                        <li><a href="#"> Virtualization and Cloud </a></li>
                        <li><a href="#"> Networking and Servers </a></li>
```

```
                    <li class="divider"></li>
                    <li><a href="#"> Miscellaneous </a></li>
                </ul>
            </li>
    <li><a href="#"> Support </a></li>
        </ul>
        <form role="search" class="navbar-form navbar-right">
            <div class="form-group">
                <input type="text" placeholder="Search Here" class="form-control">
            </div>
        </form>
    </div>
  </nav>
</div>
</body>
</html>
```

这段代码的输出结果如图 5-9 所示。

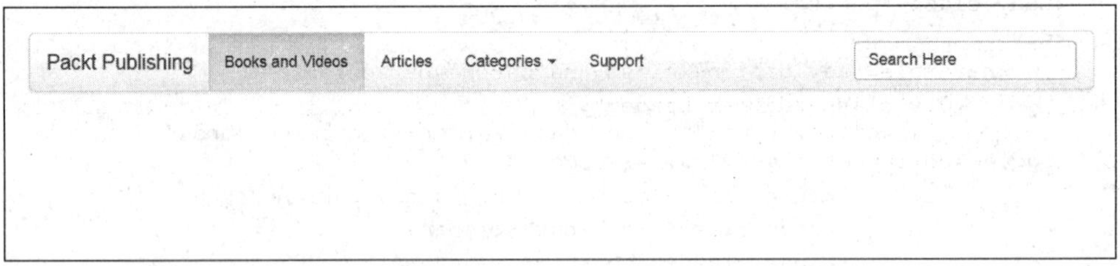

图 5-9

在前面的代码中，我们可以看到导航条的实际应用。现在我们讨论一下代码，弄清楚为什么可以得到这样的输出效果。

要创建一个导航条，我们需要把 role 属性定义为 navigation 并使用 .navbar navbar-default 类。接着，我们又定义了 .navbar-header 类和一个按钮，并定义一个 ID 作为按钮元素 data-target 属性的值，我们可以通过这个 ID 动态地隐藏或显示元素。接着，我们又定义了 .collapse 功能并使用 Bootstrap 的 JavaScript 文件。

> 提示　sr-only 辅助类应当用于如下场景：必须供屏幕、机器人程序和网络爬虫阅读的隐藏文本，这些文本对于网站的用户必须是不可见的。

接下来，我们把值 Packt Publishing 赋给包含 .navbar-brand 类的链接。之后，我们使用 .navbar-nav 类创建导航条，并为导航条创建标签页，使用的方法就是我们用 .nav-tabs 类创建标签页所用的方法。最后，我们定义了 <form> 元素和 .navbar-form 类，创建了带有搜索功能的基本表单。除此以外，我们还使用了 .navbar-right 类，将搜索框移到了右侧。

将 .navbar-fixed-top 添加到 .navbar 和 .navbar-default 基类，我们可以创建一个固定在顶部的导航条。但是，我们还要让它包含一个 .container 类或者 .container-fluid 类，以便将导航条内容居中填充进去。这段代码必须按照下面的方式定义：

```
<nav role="navigation" class="navbar navbar-default navbar-fixed-top">
    <div class="container-fluid">
```

类似地，我们也可以使用 .navbar-fixed-bottom 类来创建固定在底部的导航条。通过这种固定到顶部和底部的类特性，我们可以创建出在滚动页面时依然可见的导航条。

记住在 CSS 中要为 body 元素定义 padding-top 样式，该值必须等同或大于导航条的高度，页面的内容才不会发生重叠。

如果想要得到固定在顶部不需要添加内边距的导航条，我们可以选择使用 .navbar-static-top、.navbar 以及 .navbar-default 类搭配使用：

```
<nav role="navigation" class="navbar navbar-default navbar-static-top">
    <div class="container-fluid">
```

记住，就像使用固定在顶部和底部的导航条一样，我们还需要定义 .container 类或者 .container-fluid 类。

5.1.7 路径导航

路径导航（breadcrumb）利用一种引导式的层级关系来进行定位，从而提高网站

(特别是有大量网页的网站)的可访问性。

看看下面的代码可以更好地理解:

```html
<!DOCTYPE html>
<html>
<head>
<title>Bootstrap 3 Breadcrumbs</title>
<link rel="stylesheet" href="http://maxcdn.bootstrapcdn.com/bootstrap/3.2.0/css/bootstrap.min.css">
<link rel="stylesheet" href="http://maxcdn.bootstrapcdn.com/bootstrap/3.2.0/css/bootstrap-theme.min.css">
<script src="http://ajax.googleapis.com/ajax/libs/jquery/1.11.1/jquery.min.js"></script>
<script src="http://maxcdn.bootstrapcdn.com/bootstrap/3.2.0/js/bootstrap.min.js"></script>
<style type="text/css">
    #packt, h1{
       margin: 20px;
        padding: 15px;
    }
</style>
</head>
<body>
<h1> BreadCrumbs in Bootstrap </h1>
<div id="packt">
    <ul class="breadcrumb">
        <li><a href="#">Tech Hub</a></li>
        <li><a href="#">Blogs</a></li>
        <li class="active">Article Network</li>
        <li><a href="#">Books and Videos</a></li>
        <li><a href="#">Support</a></li>
    </ul>
</div>
</body>
</html>
```

这段代码执行之后的输出结果如图 5-10 所示。

从输出结果中可以看到,路径导航可以帮助我们在网页或网页应用程序中描述位置。我们为 Article Network 列表项指定了 .active 类,让它看起来更加真实。

BreadCrumbs in Bootstrap

Tech Hub / Blogs / Article Network / Books and Videos / Support

图 5-10

5.2 小结

在本章，我们讨论了一些经常被使用的组件，特别是与导航有关的组件，我们也了解了 Bootstrap 3.2 中使用的下拉菜单组件和字体图标。

在接下来的第 6 章，我们将学习其余的组件，比如警告框（alert）、按钮组（button-group）、徽章（badge）、标签（label）、分页（pagination）和面板（panel）等。

Chapter 6 第 6 章

组件的更多功能

在第 5 章，我们学习了导航组件、下拉菜单和字体图标，这些组件都是我们使用 Bootstrap 创建网站时经常使用的。在这一章，我们将学习其余的组件，这些组件使得网页的设计变得非常轻松。

本章将介绍以下组件：

❏ 巨幕（jumbotron）

❏ 页头（page header）

❏ well

❏ 徽章（badge）

❏ 标签（label）

❏ 进度条（progress bar）

❏ 面板（panel）

❏ 缩略图（thumbnail）

❏ 列表组（list group）

❏ 按钮组和按钮尺寸

❏ 按钮工具栏（button toolbar）

- 复选框组和单选按钮组
- 警告框（alerts）
- 分页（pagination）和翻页（pager）
- 媒体对象（media object）和具有响应式特性的嵌入内容（responsive embed attribute）

6.1 用组件简化网页设计项目

现在我们来介绍一些有助于提高代码可重用性的组件，使用这些组件，可以让我们的代码遵循**一次且仅一次**（Don't Repeat Yourself，DRY）原则，也就是说这样的模块可以在代码中重复使用。这样将节省我们的时间和精力，让我们可以把注意力放在项目中更加重要的东西上。

我们会把下面这段代码用在接下来几乎所有的代码示例中：

```
<!DOCTYPE html>
<html>
<head>
<title>Page Header Segmentation</title>
<link rel="stylesheet" href="http://maxcdn.bootstrapcdn.com/bootstrap/3.2.0/css/bootstrap.min.css">
<link rel="stylesheet" href="http://maxcdn.bootstrapcdn.com/bootstrap/3.2.0/css/bootstrap-theme.min.css">
<script src="http://ajax.googleapis.com/ajax/libs/jquery/1.11.1/jquery.min.js"></script>
<script src="http://maxcdn.bootstrapcdn.com/bootstrap/3.2.0/js/bootstrap.min.js"></script>
<style type="text/css">
    #packtpub{
    padding-top: 30px;
  padding-right: 50px;
  padding-left: 50px;
        }
</style>
</head>
```

在上面的代码中，我们在 `<head>` 部分定义了必备的 Bootstrap 文件，包括 jQuery 和 Bootstrap JavaScript 文件。为了美观，我们还在 `<style>` 标签中定义了内外边距。因此，我们在本章的所有示例中只会展示主要的代码段，读者就不会被淹没在代码之中。如果你需要查看完整的代码,请参考代码包中的相关内容。

6.1.1 巨幕

使用**巨幕**(jumbotron)组件,可以突出显示网站上的关键内容,这样做除了可以提升网站的美观性,还有助于向人们展示重要的信息。

看看下面的代码可以更好地理解:

```
<!DOCTYPE html>
<html>
<head>
<title>Full width JumboTron</title>
<link rel="stylesheet" href="http://maxcdn.bootstrapcdn.com/
bootstrap/3.2.0/css/bootstrap.min.css">
<link rel="stylesheet" href="http://maxcdn.bootstrapcdn.com/
bootstrap/3.2.0/css/bootstrap-theme.min.css">
<script src="http://ajax.googleapis.com/ajax/libs/jquery/1.11.1/
jquery.min.js"></script>
<script src="http://maxcdn.bootstrapcdn.com/bootstrap/3.2.0/js/
bootstrap.min.js"></script>
<style type="text/css">
    .jumbotron{
      margin-top: 15px;
  padding: 17px;
  color: #990000;
background-color: #FFFFCC;
    }
</style>
</head>
<body>
<div class="jumbotron">
  <div class="container">
      <h1> Packt Publishing </h1>
      <p>Packt is committed to bringing you relevant learning resources for the latest tools and technologies. At <a href="https://www.packtpub.com/" >Packt</a>, our mission is to help the world put software to work in new ways, through the delivery of effective learning and information services to IT professionals</p>
<p><a href="https://www.packtpub.com/all" target="_blank" class="btn btn-primary btn-lg"> Books and Videos </a></p>
    </div>
</div>
</body>
</html>
```

上述代码的输出结果如图 6-1 所示。

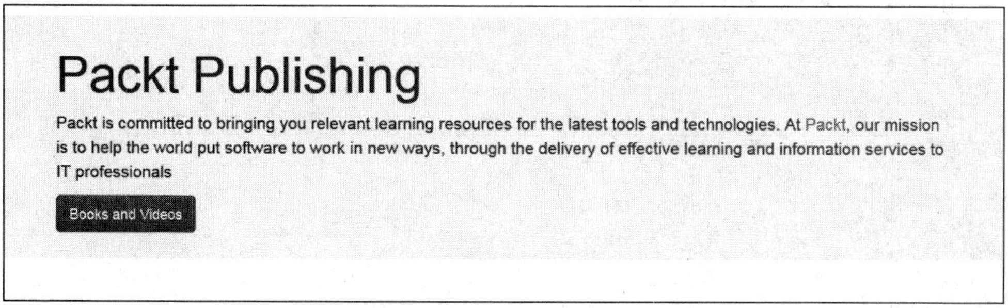

图 6-1

可以看到，Packt Publishing 及其相关内容都是突出显示的，这样可以吸引人们更多的注意力。除了定义文本和背景颜色，我们还设置了内外边距，为巨幕组件应用了样式。在我们使用巨幕组件的时候，后面再跟一个 container 元素，去掉圆角效果并占据视区的全部宽度，这也是一种比较好的实践方式。

6.1.2 页头

页头（page header）组件用来增加空间并与主要内容形成一定的隔离。它通常与 heading 1(`<h1>`)元素一起使用，也对 `<small>` 和其他元素提供了扩展支持，所以是网页设计中一种很有用的工具。

看看下面的代码片段可以更好地理解：

```
<body id="packtpub">
<div  class="page-header">
    <h1>Packt Publishing: <small>Always finding a way</small></h1>
</div>
</body>
```

这段代码的输出结果如图 6-2 所示。

如果观察它的输出结果，可以清楚地看到 `<h1>` 和默认的 `<small>` 元素下的空白分隔区域。

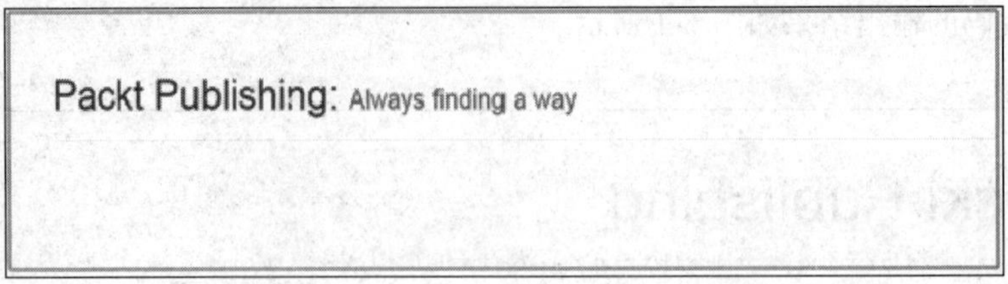

图 6-2

6.1.3 well

well 组件可以为内容增添一种嵌入效果。看看下面的代码可以更好地理解：

```html
<body id="packt">
    <h3><u> Using wells for an inset effect </u></h3>
  <br><hr>
<div>
    <div class="well"> I formulate infinity </div>
    <div class="well well-lg"> I formulate infinity </div>
    <div class="well well-sm"> I formulate infinity </div>
</div>
</body>
```

这段代码执行之后的输出如图 6-3 所示。

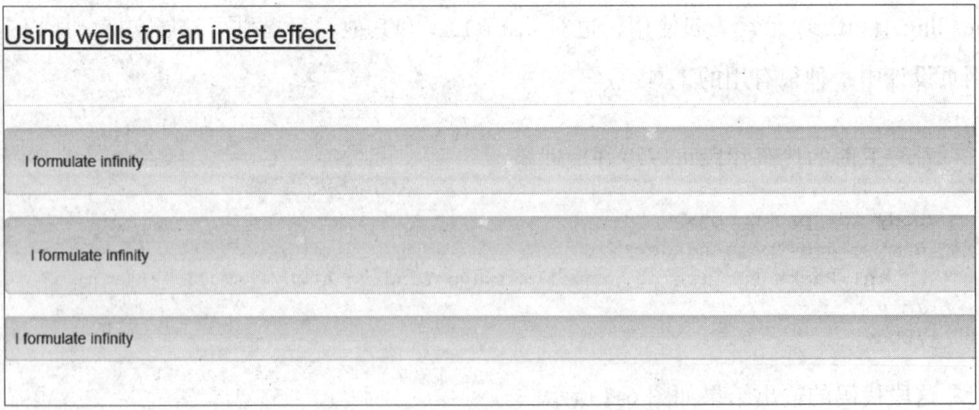

图 6-3

在这段代码中，我们对 well 组件的尺寸进行了定义，分别把第二个和第三个

well 组件定义为 well-lg 和 well-sm，实现了与默认的 .well 类所不同的尺寸效果。.well-lg 和 .well-sm 类是修饰符类，会影响内边距和圆角的效果。

6.1.4 徽章

徽章（badge）可以用来进行通知，表示未读消息、新信息、邮箱中的 E-mail 数量等类似的信息。徽章在社交网站上非常常用，可以帮助用户了解最新的信息和更新情况。

以下是一段示例代码，解释了徽章的使用方法，可以帮助我们更好地理解：

```
<body>
<div id="packt">
    <ul class="nav nav-tabs">
        <li><a href="#"> Settings</a></li>
        <li><a href="#"> Contacts</a></li>
        <li><a href="#"> Notifications <span class="badge">19</span></a></li>
        <li class="active"><a href="#">Inbox <span class="badge">50</span></a></li>
    </ul>
</div>
</body>
```

这段代码执行之后的输出结果如图 6-4 所示。

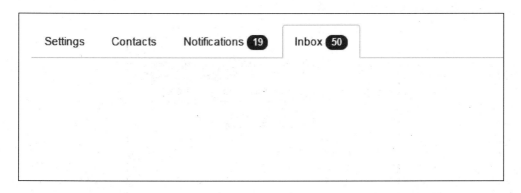

图 6-4

从这段代码和输出结果中，可以看到我们已经为 Notification 和 Inbox 分别定义了徽章。徽章可以用在各种场合中，比如链接、导航标签页和路径导航等，在前面的例子中，我们对 nav-tabs 使用了徽章。

6.1.5 标签

标签（label）用来表达重要信息，比如一些重要的消息和注意事项，所以理解标签的使用是非常重要和有意义的，我们还可以使用情景颜色来突出显示标签。

看看下面的代码可以更好地理解：

```
<body>
<div id="packt">
    <h1>Packt Publishing<span class="label label-default"> Deal of the Day </span></h1>
    <h2>Packt Publishing<span class="label label-default"> The Packt guarantee</span></h2>
    <h3>Packt Publishing <span class="label label-default"> Packt Bonanza</span></h3>
    <p>Packt<span class="label label-primary"> Always finding a way</span></p>
    <p>Packt<span class="label label-success"> Online Subscription Service</span></p>
    <p>Packt<span class="label label-info"> PacktLib: the Online library</span></p>
</div>
</body>
```

代码的输出结果如图 6-5 所示。

图 6-5

在这段代码中，我们为标签定义了默认（default）、主要（primary）、成功（success）和信息（information）等各种情景，从而也就有了上面那样的效果。

6.1.6 进度条

进度条（progress bar）用来展示工作流或操作的状态，可以帮助我们判断操作执行处于什么阶段。进度条的使用非常广泛，因为它们可以很好地表示工作流的进度。

看看下面的代码可以更好地理解：

```
<body id="packt">
    <div class="progress progress-striped active">
        <div class="progress-bar" style="width: 70%;">
            <span class="sr-only">70% Complete</span>
        </div>
    </div>
</body>
```

这段代码的输出结果如图6-6所示。

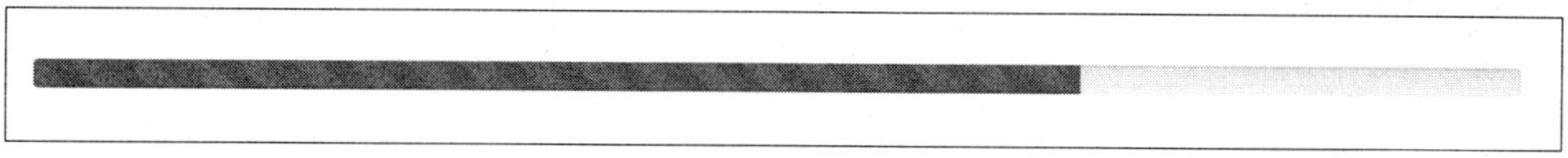

图　6-6

在这段代码中，我们同时使用了 `.progress` 类、`.progress-striped` 类和 `.active` 类。如果我们只使用 `.progress` 类，则只有一个实心的长条来表示进度。但是，加上 `.progress-striped` 类和 `.active` 类，实心的进度条就会变成渐变的条纹状，而 `.active` 类则会产生动画效果，让进度条变得非常真实。

我们还可以为进度条添加不同的情景状态，看看下面的例子可以更好地理解：

```
<body>
<div class="packt">
  <div class="progress progress-striped active">
    <div class="progress-bar progress-bar-success"  style="width: 50%">
      <span class="sr-only">50% Complete (success)</span>
```

```
        </div>
        <div class="progress-bar progress-bar-info" style="width: 30%">
          <span class="sr-only">30% Complete (Info)</span>
        </div>
        <div class="progress-bar progress-bar-warning" style="width: 10%">
          <span class="sr-only">10% Complete (Warning)</span>
        </div>
      </div>
</div>
</body>
```

上述代码的输出结果如图 6-7 所示。

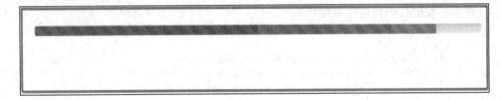

图 6-7

可以清楚地看到，前面的输出结果利用情景颜色表示出了进度的各个阶段，让工作流的活动状态更加清晰。

6.1.7 面板

面板（panel）可以将内容放置在一个方框中。我们可以为网站上的提示和消息框等这一类东西指定 panel 类。

看看下面的代码有助我们更好地理解：

```
<body>
<div id="packt"">
    <div class="panel panel-default">
        <div class="panel-heading">Packt Publishing </div>
<div class="panel-body"><a href="https://www.packtpub.com/"><strong>Click here</strong></a> to go to the official webpage</div>
    </div>
</div>
</body>
```

这段代码的输出结果如图 6-8 所示。

图 6-8

在前面的代码中，我们定义了 panel 类并指定了默认的特性。我们也为面板定义了 .panel-heading 类，添加一个标题容器。在输出结果中，我们可以看到信息显示在方框中并以 Packt Publishing 作为它的标题。

> 提示　我们也可以为次要的文本使用 .panel-footer 类，但是需要记住的是，即便我们使用了情景颜色，面板的页脚（footer）也不会继承其颜色和边框。

我们也可以结合表格来使用面板，让网站的用户可以更好地获取信息，甚至还可以为面板添加情景颜色，表达相关的语义。

看看下面的代码可以更好地理解：

```
<body>
<div id="packt">

        <div class="panel panel-success">
    <div class="panel-heading">
        <h3 class="panel-title">Panels with Tables</h3>
</div>
<div class="panel-body">
<p> Following is a description of varied roles that people play. </p>
    </div>

    <!-- Table -->
    <table class="table">
      <thead>
        <tr>

        <th>Name</th>
```

```
            <th>Nickname</th>
            <th>Profession</th>
        </tr>
    </thead>
    <tbody>
        <tr>

            <td>Aravind Shenoy</td>
            <td>Al</td>
            <td>Technical Content Writer</td>
        </tr>
        <tr>
            <td>James Douglas Morrison</td>
            <td>Jim</td>
            <td>Amazing Vocalist</td>
        </tr>
        <tr>

            <td>James Marshall Hendrix</td>
            <td>Jimi</td>
            <td>Awesome Guitarist</td>
        </tr>
    </tbody>
  </table>
 </div>
 </div>
</div>
</body>
```

这段代码的输出结果如图 6-9 所示。

Panels with Tables

Following is a description of varied roles that people play.

Name	Nickname	Profession
Aravind Shenoy	Al	Technical Content Writer
James Douglas Morrison	Jim	Amazing Vocalist
James Marshall Hendrix	Jimi	Awesome Guitarist

图 6-9

除了像上面的代码那样为面板定义情景颜色，我们也可以根据自己的需要，选择使用 `.panel-primary`、`.panel-info`、`.panel-warning` 或 `.panel-danger`。

6.1.8 缩略图

我们可以对 Bootstrap 中的缩略图（thumbnail）进行定制，在带链接的图片旁边添加 HTML 内容、展示按钮和段落。

看看下面的代码可以更好地理解：

```
<body id="packtpub">
<div class="row">
  <div class="col-sm-6 col-md-4">
    <div class="thumbnail">
      <img src="Angular.png" height="133" width="133" alt="AngularJS">
      <div class="caption">
        <h3>AngularJS</h3>
        <p>Streamline your web applications with this hands-on course. From initial structuring to full deployment, you'll learn everything you need to know about AngularJS DOM based frameworks.</p>
        <p><a href="#" class="btn btn-primary" role="button"> E-book</a><a href="#" class="btn btn-default" role="button">Print + Ebook </a></p>
      </div>
    </div>
  </div>
</div>
</body>
```

上述代码的输出结果如图 6-10 所示。

图 6-10

我们可以清楚地看到，标题、段落和按钮都出现在缩略图片的旁边，我们也可以为它加上说明。这种特性在购物门户上是非常有用的，因为我们可以在缩略图旁边放置和陈列产品有关的信息。

6.1.9 分页

当我们在使用搜索功能查找信息的时候，可能会遇到必须浏览好几个页面的情况，分页（pagination）正好可以帮助我们实现这样的功能，这个组件可以针对某些主题、博客或论坛的搜索结果创建一系列的页面。

看看下面的代码示例可以更好地理解：

```html
<body id="packt">
<div>
  <div>
        <ul class="pagination pagination-lg">
            <li class="disabled"><span>&laquo;</span></li>
            <li class="active"><a href="#">1</a></li>
            <li><a href="#">2</a></li>
            <li><a href="#">3</a></li>
            <li><a href="#">4</a></li>
            <li><a href="#">5</a></li>
            <li><a href="#">&raquo;</a></li>
        </ul>
    </div>
    <div>
        <ul class="pagination">
            <li class="disabled"><span>&laquo;</span></li>
            <li class="active"><a href="#">1</a></li>
            <li><a href="#">2</a></li>
            <li><a href="#">3</a></li>
            <li><a href="#">4</a></li>
            <li><a href="#">5</a></li>
            <li><a href="#">&raquo;</a></li>
        </ul>
    </div>
    <div>
        <ul class="pagination pagination-sm">
            <li class="disabled"><span>&laquo;</span></li>
            <li class="active"><a href="#">1</a></li>
            <li><a href="#">2</a></li>
            <li><a href="#">3</a></li>
```

```
            <li><a href="#">4</a></li>
            <li><a href="#">5</a></li>
            <li><a href="#">&raquo;</a></li>
        </ul>
    </div>
</div>
</body>
```

输出结果如图 6-11 所示。

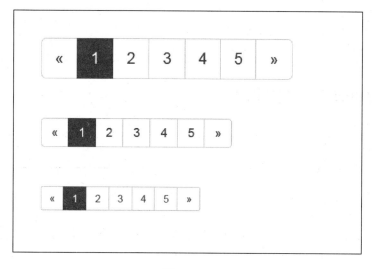

图 6-11

在前面的输出结果中，我们可以看到其中应用了分页，现在看看它是如何工作的。我们使用了 .pagination 类并为每一个分页组件设置了不同的尺寸，分别是 pagination-lg（大尺寸）、pagination（正常尺寸）、pagination-sm（较小尺寸）。

我们也为第一个方框加上了 .disabled 类，让它变成非活跃的状态，因为再往左边就没有页面了。同样，我们使用了 .active 类来描述当前页面。所以，这是一个对论坛和博客文章都非常有用的特性，还可以将定制的搜索结果划分到几个网页当中。

要简单地表示上一页和下一页，我们可以使用 .pager 类。看看下面的这段代码可以更好地理解：

```
<body id="packt">
<h3><u><strong> Pager styles in Bootstrap </strong></u></h3>
<div>
    <ul class="pager">
        <li class="previous disabled"><a href="#">&larr; Previous</a></li>
        <li class="next"><a href="#">Next &rarr;</a></li>
    </ul>
</div>
</body>
</html>
```

这段代码的输出结果如图 6-12 所示。

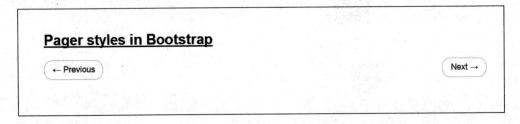

图 6-12

从中可以看到，要通过网页来进行导航是相当简单的，如果页面的数量有限并且需要被快速浏览的话，这个特性是非常有用的。

6.1.10 列表组

列表组（list-group）组件可以用来显示带有定制内容的复杂列表。我们可以为列表添加徽章，另外还可以使用 anchor 标签代替列表元素。我们也可以为列表使用情景颜色。

看看下面的代码可以更好地理解：

```
<body id="packtpub">
<div>
    <div class="list-group">
        <a href="#" class="list-group-item active">
            <span class="glyphicon glyphicon-log-in"></span> Login
        </a>
        <a href="#" class="list-group-item">
```

```
                <span class="glyphicon glyphicon-facetime-video"></span> Videos
        </a>
        <a href="#" class="list-group-item">
            <span class="glyphicon glyphicon-phone"></span> Customer Care
        </a>
        <a href="#" class="list-group-item">
            <span class="glyphicon glyphicon-envelope"></span> Mail
        </a>
        <a href="#" class="list-group-item">
            <span class="glyphicon glyphicon-trash"></span> Trash
        </a>
        <a href="#" class="list-group-item">
            <span class="glyphicon glyphicon-off"></span> Logout
        </a>
    </div>
  </div>
  </body>
```

输出结果如图 6-13 所示。

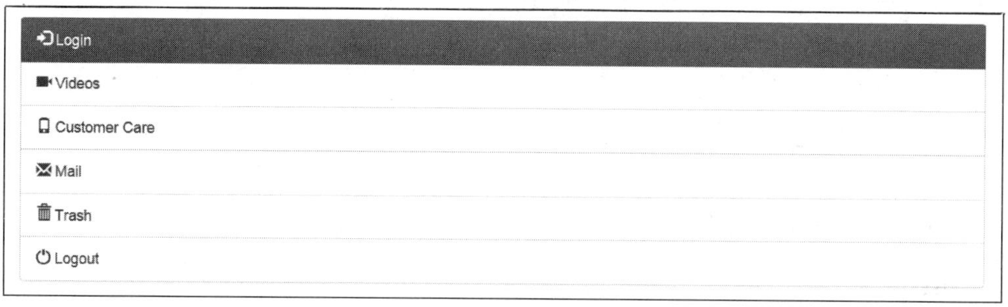

图 6-13

从已执行的代码中我们可以看到，列表组组件可以让我们方便地使用 anchor 标签，并可以搭配使用字体图标以提升网站的美观性。在前面的代码中，我们使用了 .list-group 类来定义分组，并且为分组中的每一项指定了 .list-group-item 类来表示菜单。其中 Login 项被突出显示为蓝色的，因为我们为它定义了 .active 类。

6.1.11 按钮组

按钮组（button group）可以把一组按钮合并成单独的一行。在使用 <div> 元素的时候，我们要用 .btn-group 类将按钮放在单独的一个组中。我们也可以添加相应的属性，为按钮设置情景颜色。

看看下面的代码可以更好地理解：

```
<body>
<div id="packt">
    <div class="btn-group">
        <button type="button" class="btn btn-info"> Inbox </button>
        <button type="button" class="btn btn-danger"> Spam </button>
        <button type="button" class="btn btn-success"> New Message </button>
    </div>
</div>
</body>
```

这段代码的输出结果如图 6-14 所示。

图 6-14

可以看到，所有的按钮都在同一行中相互紧靠着，按钮的颜色取决于为它指定的情景颜色属性。

如果要让按钮垂直地叠放而不是水平显示，我们就需要使用 .btn-group-vertical 类。

看看下面的这段代码可以更好地理解：

```
<body>
<div id="packt">
    <div class="btn-group-vertical">
        <button type="button" class="btn btn-info"> Inbox </button>
        <button type="button" class="btn btn-warning"> Spam </button>
        <button type="button" class="btn btn-success"> New Message </button>
    </div>
</div>
</body>
```

输出结果如图6-15所示。

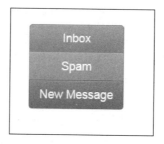

图 6-15

假设我们需要不同尺寸的按钮，我们可以为每个按钮组指定设置按钮大小的类来得到想要的效果，而不需要为每个按钮指定样式。

看看下面的代码示例可以更好地理解它是如何实现的：

```
<body  id= "packt">
<div>
    <div class="btn-toolbar">
       <div class="btn-group btn-group-lg">
         <button type="button" class="btn btn-success"> Uno </button>
         <button type="button" class="btn btn-success"> Dos </button>
         <button type="button" class="btn btn-success"> Tres </button>
       </div>
    </div>
    <br>
    <div class="btn-toolbar">
       <div class="btn-group">
         <button type="button" class="btn btn-success"> Uno </button>
         <button type="button" class="btn btn-success"> Dos </button>
         <button type="button" class="btn btn-success"> Tres </button>
       </div>
    </div>
    <br>
    <div class="btn-toolbar">
       <div class="btn-group btn-group-sm">
         <button type="button" class="btn btn-success"> Uno </button>
         <button type="button" class="btn btn-success"> Dos </button>
         <button type="button" class="btn btn-success"> Tres </button>
       </div>
    </div>
    <br>
```

```
    <div class="btn-toolbar">
        <div class="btn-group btn-group-xs">
          <button type="button" class="btn btn-success"> Uno </button>
          <button type="button" class="btn btn-success"> Dos</button>
          <button type="button" class="btn btn-success"> Tres </button>
        </div>
    </div>
</div>
</body>
```

这段代码的输出结果如图 6-16 所示。

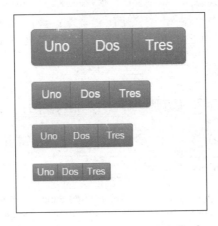

图 6-16

将 .btn-group-lg、.btn-group-sm 和 .btn-group-xs 类添加到 .btn-group 类后，我们可以看到在输出结果中各组按钮的大小是不同的。

6.1.12 按钮工具栏

如果我们要把所有的按钮组组合在一起，创建出复杂的组件，需要使用 .btn-toolbar 类。

看看下面的代码可以更好地理解：

```
<body id="packt">
<div>
```

```
        <div class="btn-toolbar">
            <div class="btn-group">
                <button type="button" class="btn btn-info"> Alpha </button>
                <button type="button" class="btn btn-info"> Beta </button>
                <button type="button" class="btn btn-info"> Gamma </button>
            </div>
            <div class="btn-group">
                <button type="button" class="btn btn-success"> Uno </button>
                <button type="button" class="btn btn-success"> Dos </button>
                <button type="button" class="btn btn-success"> Tres </button>
            </div>
            <div class="btn-group">
                <button type="button" class="btn btn-danger"> One </button>
                <button type="button" class="btn btn-danger"> Two </button>
                <button type="button" class="btn btn-danger"> Three </button>
            </div>
        </div>
    </div>
</body>
```

这段代码的输出结果如图 6-17 所示。

图 6-17

由此我们可以看到，按钮组已经通过按钮工具栏类被组合到一起。

6.1.13　分裂式按钮下拉菜单

我们可以在 Bootstrap 中创建一个按钮下拉菜单，使用的方法与我们上一章创建下拉菜单的方法是类似的。在本小节，我们将学习创建一个分裂式按钮下拉菜单（split button drop-down）。

看看下面的代码可以更好地理解：

```
<body class="packt">
<div class="btn-group">
```

```
            <button class="btn btn-primary">Packt</button>
            <button data-toggle="dropdown" class="btn btn-primary
dropdown-toggle"><span class="caret"></span></button>
            <ul class="dropdown-menu">
                <li><a href="#"> Books and Videos </a></li>
                <li><a href="#"> Tech Hub </a></li>
                <li><a href="#"> Blog </a></li>
                <li class="divider"></li>
                <li><a href="#"> News Center </a></li>
                <li><a href="#"> Contact us </a></li>
                <li><a href="#"> Support </a></li>
            </ul>
        </div>
</body>
```

代码执行之后，输出的结果将是一个带有下拉箭头的 Packt 按钮。

单击下拉箭头，出现的下拉菜单如图 6-18 所示。

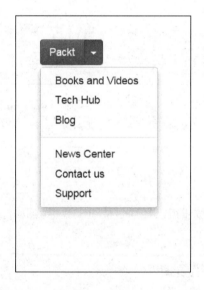

图 6-18

在前面的代码中，我们创建了一个 Packt 按钮，并将 data-toggle 属性设置为 dropdown。然后我们又为它指定了 .btn-primary 和 .dropdown-toggle 类，接着还创建了一个下拉箭头，并使用 .dropdown-menu 类定义了下拉菜单的下拉项列表。

6.1.14 两端对齐排列的按钮组

我们在使用 .btn-group 类的同时也可以加上 .btn-group-justified 类，这样按钮组就可以占据父元素的全部宽度。

看看下面的代码片段可以更好地理解：

```
<body class="packt">
<div>
    <div class="btn-group btn-group-justified">
        <a href="#" class="btn btn-success"> Uno </a>
        <a href="#" class="btn btn-success"> Dos </a>
        <a href="#" class="btn btn-success"> Tres </a>
    </div>
</div>
</body>
```

代码的输出结果如图 6-19 所示。

图 6-19

可见，按钮组占据了包含它的父元素的全部宽度。

6.1.15 复选框和单选按钮

在 Bootstrap 中，我们可以相对轻松地创建出复选框风格和单选按钮风格的按钮，并为它们应用不同的样式。我们可以选择几种复选框按钮，但是只能选择一种单选按钮。

看看下面的代码，可以更好地理解复选框按钮的概念：

```
<body>
<div id="packt">
    <div class="btn-group" data-toggle="buttons">
        <label class="btn btn-default">
```

```
            <input type="checkbox"> Inbox
        </label>
        <label class="btn btn-default">
            <input type="checkbox"> Spam
        </label>
        <label class="btn btn-default active">
            <input type="checkbox"> Compose
        </label>
    </div>
</div>
</body>
```

代码的输出结果如图 6-20 所示。

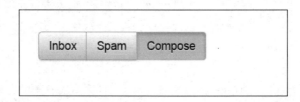

图 6-20

如果查看前面的代码和输出的结果，你会发现 data-toggle="buttons" 属性可以帮助我们为分组中的按钮添加复选框风格的样式。从中也可以看到 Compose 按钮已经被选中了，这是因为我们为 .btn-default 类加上了 .active 类。

如果单击 Inbox 和 Spam 按钮，将会看到全部三个按钮都像复选框那样被选中了，所以在这里我们可以选中多个值。

看看下面的代码，就可以理解为按钮添加单选风格效果的全过程了：

```
<body>
<div id="packt">
    <div class="btn-group" data-toggle="buttons">
        <label class="btn btn-default">
          <input type="radio" name="options" id="option1"> Radio 1
        </label>
        <label class="btn btn-default">
          <input type="radio" name="options" id="option2"> Radio 2
        </label>
        <label class="btn btn-default  active">
          <input type="radio" name="options" id="option3"> Radio 3
        </label>
```

```
        </div>
    </div>
</body>
```

这段代码的输出结果如图 6-21 所示。

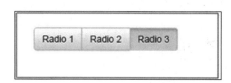

图 6-21

观察前面的输出结果，我们可以看到 Radio3 按钮与其他按钮是不同的，这是因为我们为它指定了 .active 类。但是，这里与复选框功能有所不同的是，我们一次只能选中一个单独的单选按钮，所以才体现出单选的功能。

6.1.16 警告框

警告框（alert）被用来向网站用户传递必须被提醒、通知或警示的重要消息，它可以立即吸引用户的注意力。

看看下面的代码可以更好地理解：

```
<body id="packt">
<div>
    <div class="alert alert-info">
        <a href="#" class="close" data-dismiss="alert">&times;</a>
        <em>Information: </em> <u>Bootstrap is an amazing utility</u>
    </div>
    <div class="alert alert-danger">
        <a href="#" class="close" data-dismiss="alert">&times;</a>
        <em>Warning! </em> <u>Malware found</u>
    </div>
     <div class="alert alert-warning">
        <a href="#" class="close" data-dismiss="alert">&times;</a>
        <em>Proceed with Caution: </em><u> Website may have viruses and spyware</u>
    </div>
     <div class="alert alert-success">
        <a href="#" class="close" data-dismiss="alert">&times;</a>
```

```
            <em>Wow: </em> <u>You won</u>
        </div>
</div>
</body>
```

输出结果如图 6-22 所示。

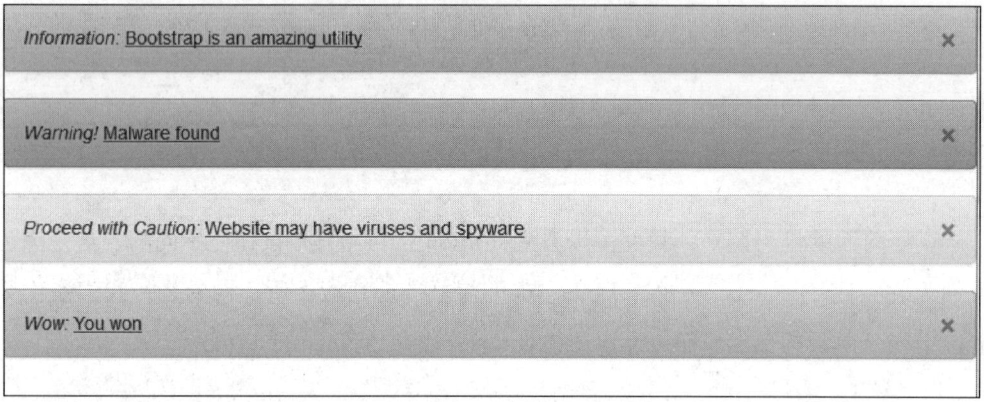

| Information: Bootstrap is an amazing utility |
| Warning! Malware found |
| Proceed with Caution: Website may have viruses and spyware |
| Wow: You won |

图 6-22

可以看到，警告消息可以根据相关的场景来设置情景颜色。

在前面的代码中，我们使用了 .alert-info、.alert-danger、.alert-warning 和 .alert-success 类来表示某些消息。我们也为 .close 类定义了 data-dismiss="alert" 属性，这样可以让网站用户取消警告。当我们单击关闭标志时，警告框会通过 Bootstrap JavaScript 库的作用而被关闭。

我们也可以使用 .alert-link 类为警告框添加有情景颜色的链接。

看看下面的代码可以更好地理解：

```
<body id="packt">
    <div class="alert alert-success">
        <a href="#" class="alert-link"> Eureka, Click for the next stage </a>
    </div>
    <div class="alert alert-info">
```

```
<a href="#" class="alert-link">Welcome to the Next stage</a>
</div>
<div class="alert alert-warning">
<a href="#" class="alert-link"> Caution! You will lose the game </a>
    </div>
<div class="alert alert-danger">
<a href="#" class="alert-link"> Click here to eradicate malware </a>
</div>
</body>
```

这段代码的输出结果如图 6-23 所示。

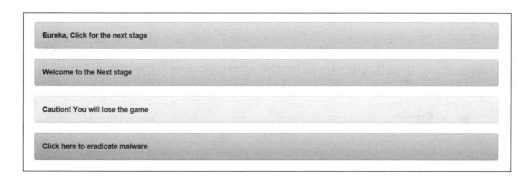

图 6-23

在前面的代码中，我们为网页创建了警告链接，它可以对用户进行重定向，也可以进一步实现其他功能。

6.1.17 媒体对象

我们可以使用媒体对象（media object）将对象的样式提取出来，构建出不同的组件，比如博客文章等。这里的媒体指的是文本的内容。媒体也可以用在列表内部，对于评论和论坛来说是一种方便的特性。

看看下面的代码我们可以更好地理解：

```html
<body id="packt">
 <ul class="media-list">
  <li class="media">
    <a class="pull-left" href="#">
       <video class="media-object" width="150" height="100" id=
"packt" controls= "controls" autoplay="autoplay">
<source src ="http://clips.vorwaerts-gmbh.de/big_buck_bunny.mp4" />
</video>
    </a>
    <div class="media-body">
      <h4 class="media-heading">Sample video</h4>
      The following is a video sample to demonstrate the media object feature
    </div>
  </li>
 </ul>
</body>
```

这段代码的输出结果如图 6-24 所示。

图 6-24

在前面的代码中，我们使用了 `.media-list` 类，在其中我们还添加了 `.media` 类。在这个例子中，我们用了一段视频，但是也可以使用图片等其他的媒体类型。然后我们又定义了 `.media-object` 类，还在 `.media-body` 类中添加了相关的文本内容。

6.1.18 具有响应式特性的嵌入内容

响应式嵌入的特性可以让浏览器根据视频嵌入块的比例来决定视频的尺寸，有助于浏览器根据各种设备的屏幕尺寸对视频进行伸缩。

看看下面的代码可以更好地理解：

```
<!DOCTYPE html>
<html>
<head>
<meta name="viewport" content="width=device-width, initial-scale=1">
<title> Responsive video embed feature </title>
<link rel="stylesheet" href="http://maxcdn.bootstrapcdn.com/
bootstrap/3.2.0/css/bootstrap.min.css">
<link rel="stylesheet" href="http://maxcdn.bootstrapcdn.com/
bootstrap/3.2.0/css/bootstrap-theme.min.css">
<script src="http://ajax.googleapis.com/ajax/libs/jquery/1.11.1/
jquery.min.js"></script>
<script src="http://maxcdn.bootstrapcdn.com/bootstrap/3.2.0/js/
bootstrap.min.js"></script>
<style type="text/css">
       #packtpub{
        margin-left: 25px;
         margin-top: 30px;
                 }
</style>
</head>
<body id="packtpub">
<div class="container">
 <div class="panel panel-info">
  <div class="panel-heading">
  <p class="panel-title"> Video Embedded in a panel </p>
   <div class="panel-body">
    <div class="embed-responsive embed-responsive-16by9 hidden-xs">
     <iframe class="embed-responsive-item" src="http://clips.
vorwaerts-gmbh.de/big_buck_bunny.mp4"></iframe>
    </div>
   </div>
  </div>
 </div>
</div>
</body>
</html>
```

输出结果如图 6-25 所示。

下面通过代码了解它是如何工作的。首先，我们创建了一个面板，在其中嵌入一段视频。接着，我们定义了面板的 title 和 heading 以及面板的 body。

我们使用以下代码将视频嵌入面板中：

```
<div class="embed-responsive embed-responsive-16by9 hidden-xs">
    <iframe class="embed-responsive-item" src="http://clips.
vorwaerts-gmbh.de/big_buck_bunny.mp4"></iframe>
   </div>
```

图 6-25

在突出显示的代码中,我们通过 `.embed-responsive-16by9` 类设置了 16∶9 的比例。接着,我们加入了 `.hidden-xs` 类,这样保证了视频是可响应的,它可以根据使用的设备缩放,并且在超小设备中被隐藏起来。在 `<iframe>` 元素中,我们还加上了 `.embed-responsive-item` 类并设置视频的来源。

如果将浏览器的高度和宽度调低以缩小屏幕尺寸,或者使用智能手机或平板电脑等小屏幕设备,我们会发现视频是响应式的,即它可以相应地进行缩放。但是,当我们将屏幕尺寸缩小到超小(extra-small)的程度,视频就会被隐藏起来,用户将无法看到。

在图 6-26 中,我们可以明显地看到当屏幕尺寸降低到 xs(extra-small)级别时,视频就被隐藏起来了。

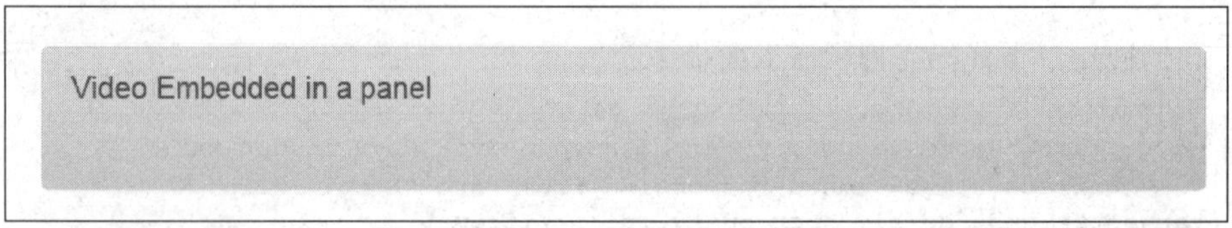

图 6-26

6.2 小结

在本章，我们学习了 Bootstrap 中广泛使用的组件，这些组件可以帮助我们相对轻松地设计网页。一个网站从原型框架演变成完全成熟的网页应用程序的过程慢慢地已经有了很大的简化，这主要源于我们采用了模块化的方法。我们可以扩展并定制组件，所以代码也就具有了可重用性，这就是 DRY 原理的范例。在第 7 章，我们将学习如何用 JavaScript 增强 Bootstrap 的体验。

第 7 章

使用 JavaScript 增强用户体验

在第 6 章,我们已经学习了 Bootstrap 中的各种组件。Bootstrap 也提供了官方的 jQuery 插件,这些插件可以帮助我们构建动态的网站。我们可以使用这些插件并通过 JavaScript 和数据特性对它们进一步进行定制,从而开发出具有创造性的网站。在本章,我们将了解如何用 JavaScript 和 jQuery 插件丰富用户的体验。插件的使用方法也是多种多样,我们将展示一些较为简单的方法,帮助大家掌握这些插件的使用。

在本章,我们将会涵盖以下流行的插件:

- 工具提示(tooltip)
- 弹出框(popover)
- 滚动监听(scrollspy)
- 折叠面板(collapse with accordion)
- 模态框(modal)
- 轮播(carousel)

7.1 使用官方插件简化项目设计

因为大多数插件都要依赖于 jQuery，所以我们必须在代码中包含 jQuery 的 CDN 链接或者包含 jQuery 文件。jQuery 文件可以在官方网站上下载。在本章，我们在所有的例子中对于 Bootstrap JavaScript 和主题文件使用的都是 CDN 链接。

所有代码示例的 <head> 部分将包含以下链接：

```
<link rel="stylesheet" href="http://maxcdn.bootstrapcdn.com/
bootstrap/3.2.0/css/bootstrap.min.css">
<link rel="stylesheet" href="http://maxcdn.bootstrapcdn.com/
bootstrap/3.2.0/css/bootstrap-theme.min.css">
<script src="http://ajax.googleapis.com/ajax/libs/jquery/1.11.1/
jquery.min.js"></script>
<script src="http://maxcdn.bootstrapcdn.com/bootstrap/3.2.0/js/
bootstrap.min.js"></script>
```

下面，我们来学习这些流行的插件，可以在代码中使用它们以构建出美观的网站。

7.1.1 工具提示

工具提示（tooltip）可以用来表示图标、链接或按钮的信息或提示，这些提示将会在我们把鼠标悬停在元素上时出现。只要鼠标悬停在元素之上，它就会显示在代码中已经定义好的相关信息，帮助网站的用户了解这些选项或链接的用途。

看看下面的代码示例，可以更好地理解：

```
<!DOCTYPE html>
<html>
<head>
<title>Bootstrap ToolTips with Placement using JavaScript</title>
<link rel="stylesheet" href="http://maxcdn.bootstrapcdn.com/
bootstrap/3.2.0/css/bootstrap.min.css">
<link rel="stylesheet" href="http://maxcdn.bootstrapcdn.com/
bootstrap/3.2.0/css/bootstrap-theme.min.css">
<script src="http://ajax.googleapis.com/ajax/libs/jquery/1.11.1/
jquery.min.js"></script>
<script src="http://maxcdn.bootstrapcdn.com/bootstrap/3.2.0/js/
bootstrap.min.js"></script>
<script type="text/javascript">
$(document).ready(function(){
    $(".packtpub1").tooltip({
```

```
            placement : 'left'
        });
        $(".packtpub2").tooltip({
            placement : 'top'
        });
        $(".packtpub3").tooltip({
            placement : 'right'
        });
        $(".packtpub4").tooltip({
            placement : 'bottom'
        });
});
</script>
<style type="text/css">
  #packt{
        padding: 150px 150px 150px 150px;
            }
</style>
</head>
<body id="packt">
<div>
<button type="button" class="btn btn-primary packtpub1" data-toggle="tooltip"  title="Left Tooltip"> Hey Joe </button>
<hr><br><br>
<button type="button" class="btn btn-primary packtpub2" data-toggle="tooltip"  title="Top Tooltip"> Hey Joe </button>
<hr><br><br>
<button type="button" class="btn btn-primary packtpub3" data-toggle="tooltip"  title="Right ToolTip"> Hey Joe </button>
<hr><br><br>
<button type="button" class="btn btn-primary packtpub4" data-toggle="tooltip"  title="Bottom ToolTip"> Hey Joe </button>
</div>
</body>
</html>
```

这段代码的输出结果如图 7-1 所示。

在这个例子中，我们将鼠标悬停在第二个按钮上时，工具提示将会出现在按钮的上方。鼠标悬停时的效果如图 7-2 所示。

可以看到，第二个按钮的工具提示出现在元素的上方，我们在第二个按钮的 title 属性中已经把它定义为 **Top Tooltip**。在前面的代码中，我们在 JavaScript 代码中还定义了提示出现的位置，所以第一个按钮的工具提示将会出现在左侧，第二个按钮的提示则出现在上方，第三个按钮在右侧，第四个按钮在下方。我们使用了 data-toggle 属性，然后把它的值设置为 tooltip。

第 7 章　使用 JavaScript 增强用户体验　◆　147

图　7-1　　　　　　　　　　图　7-2

7.1.2　弹出框

弹出框（popover）通过一个存放内容的小覆盖层来存放与元素有关的非重要信息。当我们显示一些链接、标签和其他 `<div>` 元素的时候，它是特别有用的。

看看下面的代码，有助于我们更好地理解：

```
<!DOCTYPE html>
<html>
<head>
<title>Bootstrap Popovers</title>
<link rel="stylesheet" href="http://maxcdn.bootstrapcdn.com/
bootstrap/3.2.0/css/bootstrap.min.css">
<link rel="stylesheet" href="http://maxcdn.bootstrapcdn.com/
bootstrap/3.2.0/css/bootstrap-theme.min.css">
<script src="http://ajax.googleapis.com/ajax/libs/jquery/1.11.1/
jquery.min.js"></script>
<script src="http://maxcdn.bootstrapcdn.com/bootstrap/3.2.0/js/
bootstrap.min.js"></script>
<script type="text/javascript">
$(document).ready(function(){
    $(".packtpub a").popover({
```

```
            placement : 'top'
        });
    });
    $(document).ready(function(){
        $(".pubman a").popover({
            placement : 'bottom'
        });
    });
</script>
<style type="text/css">
    #packt{
        padding: 150px 175px 175px 175px;
    }
</style>
</head>
<body id="packt">
<div>
    <ul class="packtpub">
        <li><a href="#" class="btn btn-default" data-toggle="popover" title="Musician" data-content="Awesome Vocalist">Jim Morrison</a></li>
        <hr><br>
        <li><a href="#" class="btn btn-success" data-toggle="popover" title="Scientist" data-content="Awesome Thinker">Stephen Hawking</a></li>
        <hr><br>
    </ul>
</div>
<div>
    <ul class="pubman">
        <li><a href="#" class="btn btn-danger" data-toggle="popover" title="Musician" data-content="Amazing guitarist">Jimi Hendrix</a></li>
        <hr><br>
        <li><a href="#" class="btn btn-primary" data-toggle="popover" title="Philosopher" data-content="Rational Thinker">Socrates</a></li>
    </ul>
</div>
</body>
</html>
```

输出结果如图 7-3 所示。

现在我们单击第一个按钮（Jim Morrison）和第四个按钮（Socrates）之后，将会得到如图 7-4 所示的结果。

从中可以看到，Jim Morrison 的 `title` 属性被定义为 Musician，而 `data-content` 属性则把 Awesome Vocalist 定义为它的内容。类似地，单击 Socrates 按钮，我们可以看到 `title` 属性被定义为 Philosopher，而 `data-content` 属性的内

容则被定义为 Rational Thinker。在前面的代码中，我们使用 .packtpub 类定义了一个列表，又使用了 .pubman 类定义了另一个列表。data-toggle 属性指定了控制弹出框的元素，data-content 属性设置了弹出框中的内容，而 placement 则定义了弹出框的位置。在输出结果中，如果我们单击带有 .packtpub 类的按钮，可以看到弹出框会出现在它的上方，而带 .pubman 类的按钮的弹出框则出现在按钮的下方。

图 7-3

图 7-4

7.1.3 折叠面板

如果要对多种多样的内容进行管理，我们可以使用带有 .collapse 类的折叠面板（accordion），通过这个插件，我们能够以展开或延伸的方式去显示与某一项相关联的内容。这个特性非常方便，它可以与面板结合起来，以巧妙的方式表示大量的内容。

看看下面的代码可以更好地理解：

```
<!DOCTYPE html>
<html>
<head>
<title>Collapse Functionality with Accordion</title>
<link rel="stylesheet" href="http://maxcdn.bootstrapcdn.com/
bootstrap/3.2.0/css/bootstrap.min.css">
```

```html
<link rel="stylesheet" href="http://maxcdn.bootstrapcdn.com/
bootstrap/3.2.0/css/bootstrap-theme.min.css">
<script src="http://ajax.googleapis.com/ajax/libs/jquery/1.11.1/
jquery.min.js"></script>
<script src="http://maxcdn.bootstrapcdn.com/bootstrap/3.2.0/js/
bootstrap.min.js"></script>
<style type="text/css">
    #packt{
        padding: 35px 35px 35px 35px;
    }
</style>
</head>
<body id="packt">
    <div class="panel-group" id="accordion">
        <div class="panel panel-success">
            <div class="panel-heading">
                <h4 class="panel-title">
                    <a data-toggle="collapse" data-parent="#accordion" href="#packtpubcollapse1">WebRTC</a>
                </h4>
            </div>
            <div id="packtpubcollapse1" class="panel-collapse collapse in">
                <div class="panel-body">
     <p>WebRTC(Web Real-Time Communication) enables web developers to write real-time multimedia applications for theWeb which can be deployed across multiple platforms, without the need for intermediate software or plugins.WebRTC enables Peer-to-Peer, browser-to-browser communication and is widely used for web-based phone calling, conferencing, enterprise contact centres, and educational apps. The resourceful and interactive nature of WebRTC makes it an excellent utilityofchoice for real-time web application development.
<a href="https://www.packtpub.com/books/content/webrtc"> More information</a></p>
                </div>
            </div>
        </div>
        <div class="panel panel-primary">
            <div class="panel-heading">
                <h4 class="panel-title">
                    <a data-toggle="collapse" data-parent="#accordion" href="#packtpubcollapse2">Meteor</a>
                </h4>
            </div>
            <div id="packtpubcollapse2" class="panel-collapse collapse">
                <div class="panel-body">
                    <p>Meteor is an open-source web application framework which follows the MVVM pattern.Meteor runs on both the server-side as well as the client-side, since both share the same database API. Meteor is written in pure JavaScript and uses
```

```
established design patterns, easing the pain of the tedious tasks of
web application development, helping you build robust applications in
very little time. <a href="https://www.packtpub.com/books/content/
meteor-meteor-js">More information</a></p>
                </div>
            </div>
        </div>
    </div>
</body>
</html>
```

这段代码的输出结果如图 7-5 所示。

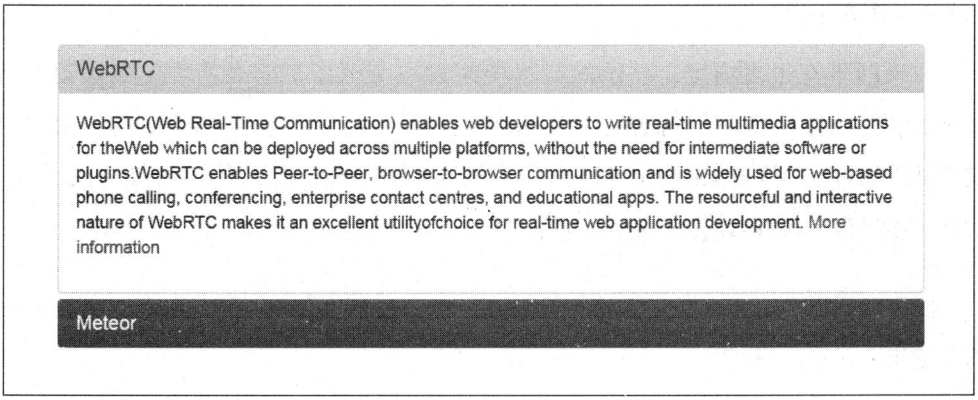

图　7-5

如果单击 WebRTC 下方面板中的 Mateor，WebRTC 面板将会折叠起来，而 Meteor 面板将会呈现出来。所以，结果会如图 7-6 所示。

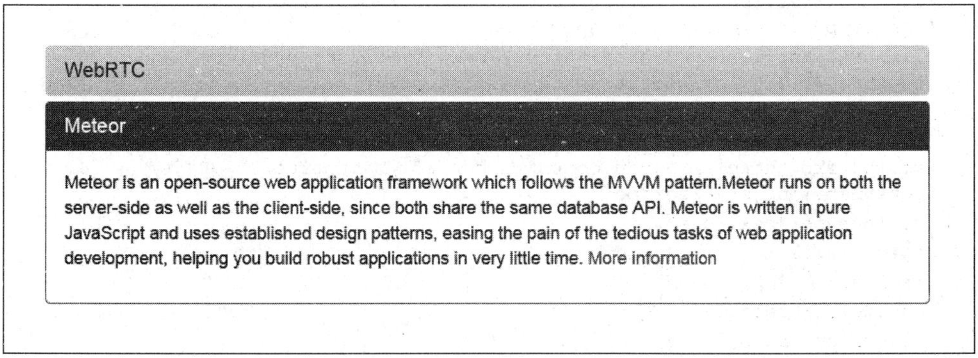

图　7-6

可以看到，折叠面板的功能对管理大量内容来说是相当有用的。在前面的代码中，我们定义了几个数据属性，将 data-parent 的值设置为 accordion，还把 data-toggle 属性的值设置为 collapse。我们还定义了面板并把 .panel-collapse 类和 .collapse 类一起放在 class 中。collapse 类可以隐藏内容，而 .collapse in 类则用来显示内容。因此，我们用 .collapse in 类来定义第一个面板，所以默认情况下第一个面板处于活跃状态并显示内容。

7.1.4 滚动监听

如果网页有很多内容，显示的时候会超过一个页面，那么就要用到滚动监听（scrollspy）插件。滚动监听插件就是用来解决内容导航时所遇到的这种问题，特别是这个插件还可以与导航条结合起来使用。导航菜单可以根据滚动的位置突出显示出来，为网站用户提供高可访问性。

因为代码实在太多，我们无法把它放在一个单独的页面中，所以我们会一部分一部分拿出来讨论。

在 <head> 部分，我们包含了所有相关的链接并定义了滚动区域。

```
<!DOCTYPE html>
<html>
<head>
<title>Scrollspy in Bootstrap</title>
<link rel="stylesheet" href="http://maxcdn.bootstrapcdn.com/
bootstrap/3.2.0/css/bootstrap.min.css">
<link rel="stylesheet" href="http://maxcdn.bootstrapcdn.com/
bootstrap/3.2.0/css/bootstrap-theme.min.css">
<script src="http://ajax.googleapis.com/ajax/libs/jquery/1.11.1/
jquery.min.js"></script>
<script src="http://maxcdn.bootstrapcdn.com/bootstrap/3.2.0/js/
bootstrap.min.js"></script>
<style type="text/css">
.scroll-area {
  height: 500px;
  position: relative;
  overflow: auto;
}
#packt
```

接下来，我们要创建一个带 .container 类的 `<div>` 父元素，我们可以把所有的代码放在其中，在下面几个代码示例的最后部分，我们再加上这个 .container 的 `</div>` 元素，这些代码可到华章网站上下载。

之后，我们会创建一个导航条并在其中的一个导航条列表项中加上一个下拉菜单。

```html
<h2>ScrollSpy</h2>
    <p>The ScrollSpy plugin is quite useful for automatically updating
nav targets based on scroll position. When you scroll the area below
the navbar,you can witness the change in the active class.It works for
dropdowns too.</p>
        <nav id="myNavbar" class="navbar navbar-default"
role="navigation">
            <!-- Brand and toggle get grouped for better mobile display-->
            <div class="navbar-header">
                <button type="button" class="navbar-toggle" data-
toggle="collapse" data-target="#navbarCollapse">
                    <span class="sr-only">Toggle navigation</span>
                    <span class="icon-bar"></span>
                    <span class="icon-bar"></span>
                    <span class="icon-bar"></span>
                </button>
                <a class="navbar-brand" href="#">Packt Publishing </a>
            </div>
            <div class="collapse navbar-collapse" id="navbarCollapse">
                <ul class="nav navbar-nav">
                    <li class="active"><a href="#packt1">Packt
Information</a></li>
                    <li><a href="#packt2">Ordering information</a></li>
                    <li><a href="#packt3">Terms and Conditions</a></li>
                    <li class="dropdown"><a href="#" class="dropdown-
toggle" data-toggle="dropdown">Blogs and Primers<b class="caret"></
b></a>
                        <ul class="dropdown-menu">
                            <li><a href="#packtsub1">Blog</a></li>
                            <li><a href="#packtsub2">Tech Hub</a></li>
                            <li><a href="#packtsub3">Articles</a></li>
                        </ul>
                    </li>

                </ul>
            </div>
        </nav>
```

接着，我们要创建一个 div 类并为它指定 .scroll-area 类，通过设置一些数据属性（比如添加 data-spy="scroll"）来开启滚动监控的特性，除此以外还要使用 data-target="#myNavbar" 来选中导航条。

在下面的代码中，段落中的内容非常多，所以这里仅仅引用其中的一部分。代码如下：

```
<div class="scroll-area" data-spy="scroll" data-target="#myNavbar" data-offset="0">
        <h1 id="packt1"> Packt Info </h1>
        <p> ...Some text here... </p>

        <hr>
        <h1 id="packt2"> How Pre-Orders Work </h1>
        <p> ... Some text here... </p>
        <hr>
        <h1 id="packt3"> Packt's Terms and Conditions</h1>
        <p> ...Some text here... </p>
        <hr>

        <h1>Blogs and Primers: One stop Technical Hub </h1>
        <p> ... Some text here... </p>
        <h2 id="packtsub1">Golang Blog</h2>
        <p> ...Some text here... </p>

        <h2 id="packtsub2">Technical Hub for PhpStorm</h4>
        <p> ...Some text here... </p>
        <h2 id="packtsub3">Article about Foundation</h2>
        <p> ...Some text here... </p>
        <hr>
        </div>
```

代码的输出结果如图 7-7 所示。

当我们单击导航条中的任何一项时，将会定位到代码中定义的对应的段落中。例如，如果选择 Blogs and Primers 下拉菜单下的任何选项，页面都将滚动到指定的段落，为网站用户带来很好的可访问性。

如果滚动到 Packt's Terms and Conditions，可以看到如图 7-8 所示效果。

当我们滚动到 Packt's Terms and Conditions 的时候，会发现导航条中的 Terms and Conditions 是突出显示的。所以说，只要我们滚动到一个指定段落，导航条中对应的那一项就会突出显示出来。

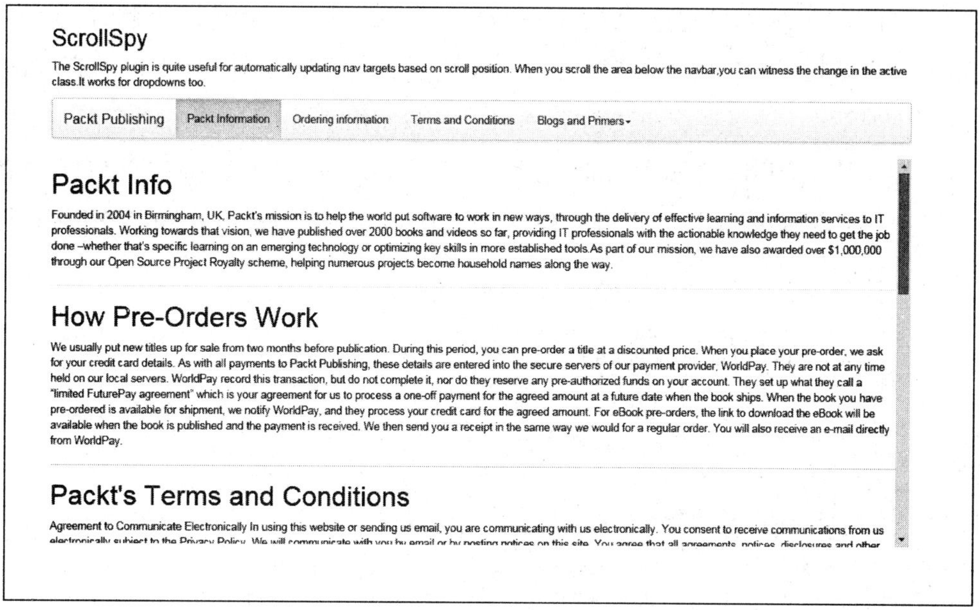

图 7-7

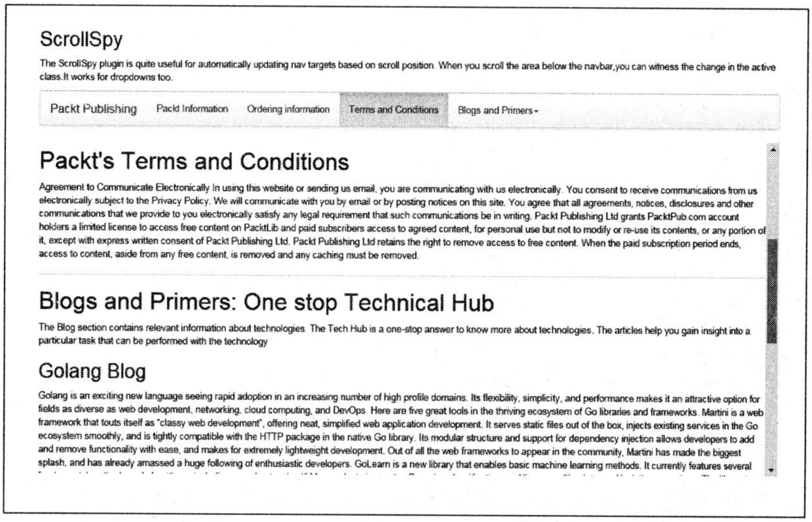

图 7-8

7.1.5 模态窗

模态窗(modal)是一种对话框,它为网站用户提供重要的信息,或者可以让用户在网站上采取任何决定性的动作之前了解情况。模态窗可以是确认对话框、警告对话框、告知对话框,或者是带有表单的对话框,它要求用户提供一些信息或者其他一些常见内容,比如会话超时的时候出现的登录对话框,比如你在打算擦除重要数据或者单击一个恶意链接时出现的对话框。模态窗提供的信息可以帮助我们决定是否要进行下一步动作。

看看下面的代码可以更好地理解:

```
<!DOCTYPE html>
<html>
<head>
<title> Bootstrap 3 Modals </title>
<link rel="stylesheet" href="http://maxcdn.bootstrapcdn.com/bootstrap/3.2.0/css/bootstrap.min.css">
<link rel="stylesheet" href="http://maxcdn.bootstrapcdn.com/bootstrap/3.2.0/css/bootstrap-theme.min.css">
<script src="http://ajax.googleapis.com/ajax/libs/jquery/1.11.1/jquery.min.js"></script>
<script src="http://maxcdn.bootstrapcdn.com/bootstrap/3.2.0/js/bootstrap.min.js"></script>
<script type="text/javascript">
  $(document).ready(function(){
    $("#packtpub").modal('show');
  });
</script>
  <style>
     #packt { padding: 30px 30px 30px 30px; }
  </style>
</head>
<body id="packt">
<div id="packtpub" class="modal fade">
    <div class="modal-dialog">
        <div class="modal-content">
            <div class="modal-header">
                <button type="button" class="close" data-dismiss="modal" aria-hidden="true">&times;</button>
                <h1 class="modal-title">Beware</h1>
            </div>
            <div class="modal-body">
                <p>The Site has been blocked due to malicious content</p>
```

```
                <p class="text-warning"><small> Proceed at your own risk</small></p>
            </div>
            <div class="modal-footer">
                <button type="button" class="btn btn-primary" data-dismiss="modal">Quit</button>
                <button type="button" class="btn btn-danger">Proceed</button>
            </div>
        </div>
    </div>
</div>
</body>
</html>
```

这段代码的输出结果如图7-9所示。

图 7-9

从前面的输出中可以看到,我们创建了一个模态窗,当用户打算访问一个恶意网站或单击一个恶意链接的时候,对用户进行警告。

从前面的代码中,可以看到我们使用了.modal-dialog类,它将创建一个对话框,而.modal-content类则定义了对话框中的内容。之后,我们定义了modal-header、modal-body和modal-footer,在其中放入了相关的内容。我们也对按钮使用了情景颜色,让它看起来更加符合实际的用途。

7.1.6 轮播

轮播（carousel）是让内容以循环的方式呈现，其中的文本和图片以幻灯片的格式供人们浏览和访问。在下面的代码示例中，我们使用了 `data-slide`、`data-interval` 和 `data-ride` 这样的数据属性来实现轮播功能。`data-ride="carousel"` 可以将轮播设置在页面加载的时候开始播放。`data-slide` 属性可以将幻灯片的位置切换到当前设置的位置，用来在上一项和下一项之间导航。`data-slide-to` 属性作为轮播幻灯片的索引，帮助我们创建出由图片库构成的网页。`data-interval` 属性决定了幻灯片每次循环之间的时间延迟。

看看下面的代码可以更好地理解：

```html
<!DOCTYPE html>
<html>
<head>
<title> Bootstrap 3 Carousels </title>
<link rel="stylesheet" href="http://maxcdn.bootstrapcdn.com/bootstrap/3.2.0/css/bootstrap.min.css">
<link rel="stylesheet" href="http://maxcdn.bootstrapcdn.com/bootstrap/3.2.0/css/bootstrap-theme.min.css">
<script src="http://ajax.googleapis.com/ajax/libs/jquery/1.11.1/jquery.min.js"></script>
<script src="http://maxcdn.bootstrapcdn.com/bootstrap/3.2.0/js/bootstrap.min.js"></script>
<style type="text/css">

.item{
    background: #333;
    text-align: center;
    height: 300px !important;
}
.carousel{
    margin-top: 20px;
}
.packt{
  padding: 30px 30px 30px 30px;
}
</style>
</head>
<body class="packt">
    <div id="myCarousel" class="carousel slide" data-interval="500" data-ride="carousel">
        <!-- Carousel indicators -->
```

```html
            <ol class="carousel-indicators">
                <li data-target="#myCarousel" data-slide-to="0" class="active"></li>
                <li data-target="#myCarousel" data-slide-to="1"></li>
                <li data-target="#myCarousel" data-slide-to="2"></li>
            </ol>
        <!-- Carousel items -->
         <div class="carousel-inner">
            <div class="active item">
                <img src="Packt1.png" alt="Packt">
                <div class="carousel-caption">
                    <h6><b>Packt: Always finding a way </b></h6>
                </div>
            </div>
            <div class="item">
                <img src="Packt2.png" alt="PacktLib">
                <div class="carousel-caption">
                    <h6><b>Packt: Always finding a way </b></h6>
                </div>
            </div>
            <div class="item">
                <img src="Packt3.png" alt="Packt">
                <div class="carousel-caption">
                     <h6><b>Packt: Always finding a way </b></h6>
                </div>
            </div>
        </div>
        <!-- Carousel nav -->
        <a class="carousel-control left" href="#myCarousel" data-slide="prev">
            <span class="glyphicon glyphicon-chevron-left"></span>
        </a>
        <a class="carousel-control right" href="#myCarousel" data-slide="next">
            <span class="glyphicon glyphicon-chevron-right"></span>
        </a>
    </div>
</body>
</html>
```

这段代码的输出结果将会显示一个图片库，代码中还定义了轮播的标题说明（Packt: Always finding a way），如图 7-10 所示。

我们还使用字体图标，定义了上一页和下一页两个按钮的标志。同样，对于第一张图片，我们使用了 .active 类和 .item 类，将其设置为第一张默认的幻灯片，这就是网站用户执行上述代码时所看到的效果。

图 7-10

7.2 小结

在本章，我们了解了一些广泛使用的官方 jQuery 插件，这些插件可以帮助我们快速地创建出模态窗、轮播和其他复杂的效果。在第 8 章，我们将学习几种 Bootstrap 工具，包括第三方的插件和资源，用它们可以简化我们使用 Bootstrap 设计网页的过程。

第 8 章

Bootstrap 技术中心——Bootstrap 工具介绍

网页设计的学习曲线非常陡峭，特别是在构建具有复杂功能的网站时更是如此。在过去，我们热衷于借助 JavaScript 完成全部功能的开发。但是，随着 Bootstrap 这种功能丰富的框架的出现，开发的过程变得越来越轻松，也显著地降低了学习的曲线。

Bootstrap 非常受大众的欢迎，它集成的各种现成的主题、模板、代码段、插件和编辑器，大大简化了创建网站的工作。其中一些工具可以帮助我们简化开发的过程，甚至几分钟的时间就可以创建一个网站。除了官方的插件和组件，人们还为 Bootstrap 打造了数以百计的资源，可以帮助我们轻松地实现功能强大的网页设计。

在本章，我们将简要地学习一些必备的工具，以便能在自己的项目中使用。我们将根据这些工具的不同类型分成几部分来介绍，这些工具是：

- 主题和模板
- 现成的资源和插件
- 开发工具和编辑器
- 官方的 Bootstrap 资源

- Bootlint
- Bootstrap for SaaS
- Bootstrap Expo

现在已经明确了要学习的内容,让我们分别来了解一下。

8.1 主题和模板

我们现在来了解一些免费和商业定制的主题和模板,它们可以帮助我们快速准确地构建网站,极大地节省我们的时间和精力,让我们在网页开发项目中可以把注意力放在更加重要的事情上。

8.1.1 开源主题和模板

有许多网站提供了免费的主题和模板,可以用于个人或商业用途。下面是其中的几个网站:

❑ **Start Bootstrap** (http://startbootstrap.com/):Start Bootstrap 是一个开源的 Bootstrap3 主题和模板库,这些主题和模板专门为特定的主题而定制,比如电子商务网站或管理控制台。我们可以把它们用于个人或商业用途。

❑ **Bootswatch** (http://bootswatch.com/):Bootswatch 提供了一些免费的主题,我们可以方便地下载它的 CSS 文件去代替 Bootstrap 中的文件。Bootswatch 实现了一种模块化的方法,所有的修改都仅仅包含在两个 LESS 文件中,所以维护起来很轻松,修改也很简单,还能确保向前兼容。它还包含了一个 API,可以帮助我们将主题集成到自己的平台中。

❑ **Black Tie** (http://www.blacktie.co/):Black Tie 有一系列现代风格的主题,我们可以根据自己的需要下载甚至定制。这是一个非常有用的来源,因为其中有一些主题是专门结合 Tublr、Drupal 和 Wordpress 这样一些平台而定制的。

❑ **Bootstrap Zero** (http://bootstrapzero.com/):Bootstrap Zero 是 Bootstrap 平台最

大的免费模板集之一。它积累了各个地方最好、使用最广泛的模板，我们在这里可以找到几乎所有的模板。Bootstrap Zero 的主人还在网站上添加了一些工具集和其他的资源，使之成为提供 Bootstrap 第三方附件的一站式目的地。

- **Bootplus** (http://aozora.github.io/bootplus/)：Bootplus 是一个简洁直观的 Google 风格的前端框架，它可以简化我们用 Bootstrap 设计网页的过程。
- **Fbootstrapp** (http://ckrack.github.io/fbootstrapp/)：Fbootstrapp 是一个工具集，可以帮助我们进行 Facebook 风格的 iframe 应用开发。
- **Bootmetro** (http://aozora.github.io/bootmetro/)：Bootmetro 是一个框架，可以帮助我们开发现代风格的网页应用，让应用具有 Windows 8 的感观，同时还能兼容 Chrome、Firefox 和 Opera 这样的现代浏览器。

另外还有一些站点，比如 GetTemplate (http://www.gettemplate.com/)、Flatstrap (http://flatstrap.org/)、VegiThemes (http://vegibit.com/vegithemes-twitter-bootstrap-themes/) 和 Bootstrap Taste (http://bootstraptaste.com/)，它们都有拥有非常多的模板和主题，可以帮助我们迅速地完成网页开发。

8.1.2 商业主题和模板

除了有丰富的免费主题和模板，还有一些价格在我们承受范围之内的商业主题和模板，可以满足我们的商业需求。这些主题和模板是专门为那些想要为自己的组织找到网页设计快速解决方案的人而提供的。

下面列出了各种网站，涵盖了各种不同的主题和模板：

- **Wrapbootstrap** (https://wrapbootstrap.com/)
- **Theme Forest** (http://themeforest.net/)
- **Design Modo** (http://designmodo.com/shop/?u=787)
- **Grid Gum** (http://gridgum.com/themes/category/bootstrap-themes/)
- **Bootstrap Bay** (http://bootstrapbay.com/)
- **Bootstrap Made** (https://bootstrapmade.com/)

- Creative Market (https://creativemarket.com/themes/bootstrap)
- PixelKit (http://pixelkit.com/)

8.2 现成的资源和插件

有一些资源和工具可以简化 Bootstrap 的网页开发，我们来看看其中一些使用最广泛和最高效的资源，它们可以帮助我们更快更准确地开发网站。

8.2.1 Font Awesome

Font Awesome 库集合了成千上百的图标，可以在我们构建网页时提供帮助。其中的可缩放矢量图标可以通过 CSS 定制，另外还提供了高分辨率的显示图。我们即可以把它下载下来，也可以使用 MaxCDN 上的 Bootstrap CDN。

在下面的示例中，我们通过 CDN 的方式来了解它的工作原理。

```html
<!DOCTYPE html>
<html>
  <head>
    <title>Font Awesome example</title>
    <meta name="viewport" content="width=device-width, initial-scale=1.0">
    <link rel="stylesheet" href="https://maxcdn.bootstrapcdn.com/bootstrap/3.2.0/css/bootstrap.min.css">
    <script src="https://maxcdn.bootstrapcdn.com/bootstrap/3.2.0/js/bootstrap.min.js"></script>
 <link href="https://maxcdn.bootstrapcdn.com/font-awesome/4.2.0/css/font-awesome.min.css" rel="stylesheet">
<style> #packt {padding :40px 40px 40px 40px}</style>
</head>
<body id="packt">
<i class="fa fa-camera-retro fa-lg"></i> fa-lg
<br><i class="fa fa-camera-retro fa-2x"></i> fa-2x
<br><i class="fa fa-camera-retro fa-3x"></i> fa-3x
<br><i class="fa fa-camera-retro fa-4x"></i> fa-4x
<br><i class="fa fa-camera-retro fa-5x"></i> fa-5x
</body>
</html>
```

这段代码的输出结果如图 8-1 所示。

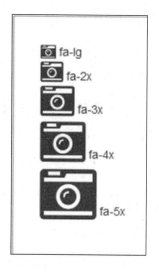

图 8-1

从输出结果中可以看到，我们使用了一个复古的相机图标。现在我们可以添加 CSS 前缀 `fa`，后面再跟着图标的名称。在这个例子中，我们可以看到图标的尺寸不断变大，这是因为我们为它指定了 `fa-lg`、`fa-2x`、`fa-3x`、`fa-4x` 和 `fa-5x` 类。

我们可以在 Font Awesome 的官方网站 http://fontawesome.io/ 下载这些图标。

8.2.2 Bootstrap 的 Social Buttons

Social Buttons（社交按钮）网站（http://lipis.github.io/bootstrap-social/）拥有与社交媒体相关的所有图标。从 Dropbox 到 Twitter，包含了所有流行的东西。它的使用要依赖于 Font Awesome 和 Bootstrap。因此，我们可以用 Bootstrap 所用的 CDN 连接和 Awesome 代码，还要为 CSS 引入 `bootstrap-social.css`，为 LESS 文件引入 `bootstrap-social.less` 才能开始使用它，更多相关的信息可以在它的官方网站上查到。

8.2.3 Bootstrap Magic

Bootstrap Magic 是一个主题编辑器，可以用来快速地创建主题。使用 `typeahead`、`auto-complete` 和 `instant live preview` 等属性，可以帮助我

们构建主题，并引用经过修改的 LESS 变量或保存的 CSS 和 LESS 文件。

8.2.4　Jasny Bootstrap

　　Jasny Bootstrap 是一个工具集，它提供了一些额外的特性和定制的组件，帮助我们改善 Bootstrap 网页设计项目。基本上，它就是对 Bootstrap 的扩展，你既可以下载它的 CSS 和 JavaScript 文件，也可以使用下面的 CDN。

```
<link rel="stylesheet" href="//cdnjs.cloudflare.com/ajax/libs/jasny-bootstrap/3.1.3/css/jasny-bootstrap.min.css">
<script src="//cdnjs.cloudflare.com/ajax/libs/jasny-bootstrap/3.1.3/js/jasny-bootstrap.min.js"></script>
```

看看下面这个简单的代码示例，我们把标签添加到按钮上，提升了网页的美观性。

```
<!DOCTYPE html>
<html>
<head>
<title> Jasny Bootstrap </title>
<link rel="stylesheet" href="http://maxcdn.bootstrapcdn.com/bootstrap/3.2.0/css/bootstrap.min.css">
<link rel="stylesheet" href="http://maxcdn.bootstrapcdn.com/bootstrap/3.2.0/css/bootstrap-theme.min.css">
<script src="http://ajax.googleapis.com/ajax/libs/jquery/1.11.1/jquery.min.js"></script>
<script src="http://maxcdn.bootstrapcdn.com/bootstrap/3.2.0/js/bootstrap.min.js"></script>
<link rel="stylesheet" href="http://cdnjs.cloudflare.com/ajax/libs/jasny-bootstrap/3.1.3/css/jasny-bootstrap.min.css">
<script src="http://cdnjs.cloudflare.com/ajax/libs/jasny-bootstrap/3.1.3/js/jasny-bootstrap.min.js"></script>
</head>
<style> #packt { padding: 35px 35px 35px 35px;} </style>
<body id="packt"><br>
<!-- Standard button with label -->
<button type="button" class="btn btn-labeled btn-default"><span class="btn-label"><i class="glyphicon glyphicon-arrow-left"></i></span>Left</button>
<!-- Success button with label -->
<button type="button" class="btn btn-labeled btn-success"><span class="btn-label"><i class="glyphicon glyphicon-ok"></i></span>Success</button>
<!-- Danger button with label -->
<button type="button" class="btn btn-labeled btn-danger"><span class="btn-label"><i class="glyphicon glyphicon-remove"></i></
```

```
span>Danger</button>
</body>
</html>
```

这段代码执行之后的输出结果如图 8-2 所示。

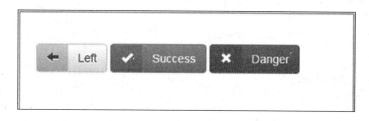

图 8-2

从前面的代码和相关的输出结果中,我们可以明显地看到按钮已经应用了一些样式,字体图标和按钮已经结合起来了。

有关 Jasny Bootstrap 的更多信息,可以在它的官方网站上找到:http://jasny.github.io/bootstrap/。

8.2.5 Fuel UX

Fuel UX 利用 JavaScript 控件对 Bootstrap 进行了扩展,即不会大幅增加应用程序的体积,也不会造成过多影响。我们可以从 Git 存储库下载这些文件,也可以使用官方网站提供的 CDN。Fuel UX 依赖于 jQuery 和 Bootstrap,所以,在包含 Fuel UX 控件的链接之前,我们必须包含上述文件。

看看下面的代码示例可以弄清楚它是如何工作的。

```
<!DOCTYPE html>
<html>
<head>
<title>Spinbox</title>
<meta name="viewport" content="width=device-width, initial-scale=1">
<link rel="stylesheet" href="http://maxcdn.bootstrapcdn.com/
bootstrap/3.2.0/css/bootstrap.min.css">
<link rel="stylesheet" href="http://maxcdn.bootstrapcdn.com/
bootstrap/3.2.0/css/bootstrap-theme.min.css">
```

```html
<script src="http://ajax.googleapis.com/ajax/libs/jquery/1.11.1/
jquery.min.js"></script>
<script src="http://maxcdn.bootstrapcdn.com/bootstrap/3.2.0/js/
bootstrap.min.js"></script>
<link rel="stylesheet" href="http://www.fuelcdn.com/fuelux/3.0.2/css/
fuelux.min.css">
<script src="http://www.fuelcdn.com/fuelux/3.0.2/js/fuelux.min.js"></
script>
<style> .packt {padding: 50px 50px 50px 50px;} </style>
</head>
<body class="fuelux packt" >
<h1> Spinbox using Fuel UX </h1><br>
<div class="spinbox" data-initialize="spinbox" id="mySpinbox">
    <input type="text" class="form-control input-mini spinbox-input">
    <div class="spinbox-buttons btn-group btn-group-vertical">
      <button class="btn btn-primary spinbox-up btn-xs">
        <span class="glyphicon glyphicon-chevron-up"></span><span
class="sr-only">Increase</span>
      </button>
      <button class="btn btn-primary spinbox-down btn-xs">
        <span class="glyphicon glyphicon-chevron-down"></span><span
class="sr-only">Decrease</span>
      </button>
    </div>
  </div>
</body>
</html>
```

这段代码的输出结果如图 8-3 所示。

图 8-3

从前面的输出结果中，我们可以看到一个选值框，从中可以分别使用上下箭头增加或减小数字。

有关 Fuel UX 的更多信息，可以在它的官方网站（http://exacttarget.github.io/

fuelux/index.html）上查阅。

8.2.6 Bootsnipp

Bootsnipp（http://bootsnipp.com/）是一个内容丰富的代码库，而且还是免费的，可以用来为 Bootstrap 框架设计元素。它拥有与 Bootstrap 各种版本的代码片段和示例，只要我们单击菜单栏中的 **Snippets** 选项，就可以看到一个下拉菜单，可以根据你选择的各种 Bootstrap 版本出现不同的代码片段。假设我们单击 3.2.0 选项，就会看到所有可供使用的例子。

假设我们在搜索栏中输入 Social Icon Strip Footer 这几个关键字进行搜索，单击 **View**，就会看到图 8-4 所示界面，对应的 URL 是 http://bootsnipp.com/snippets/featured/social-icon-strip-footer。

图 8-4

在图 8-4 中，我们可以看到 Social Icon Strip Footer 的 HTML 和 CSS 文件。

除此以外，我们也可以选择其他主题。还可以看到，当我们将鼠标悬停在任何图标上，图标都会变大并且颜色会根据代码中定义的值而变化。假设我们选择了 Cyborg 主题并将鼠标悬停在 Google+ 图标上，这个主题就会应用在该图标上，所以当鼠标悬停在 Google+ 图标上时，会出现如图 8-5 所示界面。

图 8-5

我们可以在官方网站 http://bootsnipp.com/ 上查阅更多的信息和代码片段。

8.2.7 Bootdey

Bootdey 是一个免费的代码和工具库，我们可以用它来简化网页的设计，获得非常好的准确性。这些工具由各种插件组成，我们可以将这些插件集成到项目中，让网站更具有交互性和响应性，符合移动优先的原则。

我们先看一个例子以便更好地理解。在下面这个示例中，我们选择了在博客、评论区或一些社交媒体平台上常用的 Social Post 代码段。我们可以在打开的页面上单击 Social Post 链接或者单击 http://www.bootdey.com/snippets/view/Social-post-222，如图 8-6 所示。

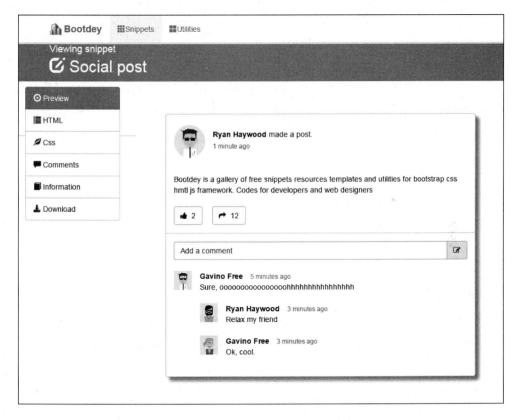

图 8-6

从图 8-6 中可见，左侧面板提供了 Preview（预览）、HTML、CSS、Comments（评论）、Information（信息）和 Download（下载）选项。如果单击 HTML 选项，可以看到这个例子完整的 HTML 代码，如图 8-7 所示。

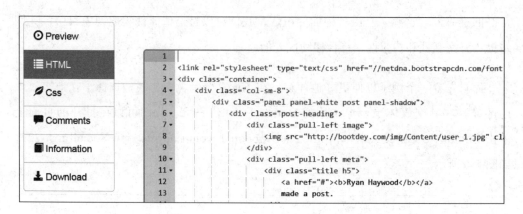

图 8-7

所以，我们可以找到许多为各种用途而定制的代码，从 Support Center（支持中心）页面到 Easy Ticker、GMaps JQuery Map Plugin 和 Freewall 这样的插件都可以找到。这些插件可以帮助我们快速开发出某些功能，使我们可以把精力放在项目中更重要的地方。

更多的信息可以在官方网站 http://bootdey.com/ 上找到。

8.2.8 BootBundle

BootBundle 是一个开源包，它包含了一些商业主题、模板、组件和其他的附件，具有可响应性和跨浏览器兼容这样的一些特性。BootBundle 包可以从它的官方网站上下载（在上面可以看到免费和开源的包），位于 http://www.bootbundle.com/。

8.2.9 Start Bootstrap

Start Bootstrap 网站（http://startbootstrap.com/bootstrap-resources/）由一些插件、资源和 Bootstrap 开发工具构成。它涵盖了常见的第三方 Bootstrap jQuery 插件，可用于表单、滑块、表格、菜单、导航、通知、模态窗和其他的 UI 扩展，它是各种 Bootstrap 资源的一站式中心。

8.3 开发工具和编辑器

在 8.2 节，我们了解了 Bootstrap 相关的一些免费和收费的主题、模板、现成的工具和插件。我们也看到了 Start Bootstrap 网站上有与 Bootstrap 相关的几乎所有东西。Start Bootstrap 网站还有一些关于开发工具和编辑器的内容，这些工具和编辑器可供我们在 Bootstrap 的网页设计中使用的。在本节，我们将了解其中一些主流的开发工具和编辑器，对我们来说它们在项目中是特别有用的。

8.3.1 Bootply

Bootply 是一个 Bootstrap 代码编辑器和生成工具，它具有拖放式的可视化编辑器，我们可以用它快速地设计和创建 Bootstrap 界面。我们也可以利用这个丰富的代码库，查找代码片段、例子和模板。图 8-8 展示了 Bootply 的界面。

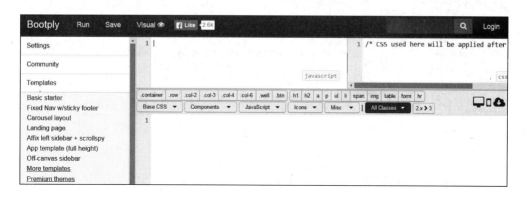

图 8-8

图 8-8 的截图包含了 Bootstrap 各个不同版本的一些现成的模板。在靠近上方的面板上，提供了一个实时的预览界面，展现了网站更新和修改后的模板。我们也可以保存并生成构建好的前端代码的分支，其中最出色的地方是我们可以按照想要的方式去编辑和定制界面，所以很快就可以实现想要的前端界面。在编辑器的右侧，有一个地方可以查看网页在各种设备上的外观，比如平台电脑、台式机或手机屏幕。

有关 Bootply 更多的信息和特性可以在 http://www.bootply.com 上找到。

8.3.2 LayoutIt

LayoutIt 是一个拖放式的 Bootstrap 编辑器（见图 8-9），我们可以用它来创建前端代码。它可以轻松地集成所有的编程语言，从中可以下载 HTML 代码并开始对你的设计进行编码。我们可以使用自己的 LESS 变量进一步定制它，帮助我们构建出一个精准的、让人印象深刻的网页。

图 8-9

前面的截图显示的是生成程序和 GRID SYSTEM（位于左侧面板），我们可以用它来选择想要的栅格布局，并使用一些定制的 CSS 模块；另外还有一些像徽章、巨幕和按钮组这样的组件及模态窗和轮播这样的 JavaScript 插件，此外我们还可以使用自己的内容对它进行定制。它还为我们提供了开发人员标签页和预览标签页，可以提供实时的显示。另外你可以下载 .zip 格式的代码，也可以只下载 HTML。这个出色的工具可以帮助我们在短时间内构建出精密清晰的网页。

更多的信息可以在它的官方网站上查看：http://www.layoutit.com/。

8.3.3　UI Bootstrap

UI Bootstrap 提供了 AngularUI 团队用 AngularJS 编写的 Bootstrap 组件。它的目标是为我们提供有关 Bootstrap 标记和 CSS 的 AngularJS 指令。它对 AngularJS 和 Bootstrap CSS 存在依赖。

更多的信息可以在官方网站上查看：http://angular-ui.github.io/bootstrap/。

8.3.4　Kickstrap

Kickstrap 是一个集成了 AngularJS、Bootstrap 和 JavaScript Package Manager（JSPM）的产品。我们可以利用它运行一个授权的数据库驱动型网页应用程序而不需要本地后端。Kickstrap 使用了 Firebase 并遵循后端即服务（Bakend as a Seevice, Baas）模型。

更多信息可以在它的官方网站上查看：http://getkickstrap.com/。

8.3.5　ShoeStrap

ShoeStrap 是一个基于 Bootstrap 和 HTML5 Boilerplate 的开源 Wordpress 主题。它那直观而强大的特性使之成为基于 Bootstrap 的使用最广泛和最强大的 Wordpress 主题，我们也可以使用 LESS 片段对它进行定制，还可以从活跃的社区中寻求支持。

更多的信息可以在它的官方网站上查看：http://shoestrap.org/。

8.3.6　StrapPress

StrapPress 是一个工具，我们可以用它将我们所能知道的一切集成到 Bootstrap 中，但它更重要的特点是提高 Wordpress 的可用性。它是一个响应式的 Wordpress 主题，封装了大量的特性，我们可以使用这些特性来定制并创建自己的 Wordpress 站点。

更多的信息可以在它的官方网站上查看：http://strappress.com/。

8.3.7 Summernote

Summernote 是一个轻量而高效的 Bootstrap 所见即所得（WYSIWYG）编辑器。它的跨平台特性使得我们可以将它与好几种后端技术集成起来，比如 Ruby、PHP 和 Python，使它成为项目中一种得心应手的工具。

更多的信息可以查看它的官方网站：http://hackerwins.github.io/summernote/。

> 提示　前面说过，这些第三方资源、插件和工具集的完整套件都可以在 Start Bootstrap 网站 http://startbootstrap.com/bootstrap-resources/ 上找到。

8.4 官方的 Bootstrap 资源

Bootstrap 到目前一直都在不断地发展进化，而所有的变化都可以在官方的 Bootstrap 博客上找到，位于：http://blog.getbootstrap.com/，该网站可以帮助我们及时了解最新的更新。

我们来看看官方网页上包含的一些资源和相关信息。

8.4.1 Bootlint

Bootlint 工具是一个供 Vanilla Bootstrap 项目使用的 HTML linting 工具，它可以在浏览器上使用，也可以在使用 Node.js 的终端上使用，我们可以用它自动检查常见的 Bootstrap 使用错误。我们也可以使用 Bootlint with Grunt，这是一个 JavaScript 任务运行程序，我们可以在 https://github.com/twbs/bootlint 上查看完整的项目。在这个 GitHub 页面中，我们可以找到最新的更新和使用说明。

8.4.2 Bootstrap with SaaS

Bootstrap with SaaS 是一种非常方便的资源，它是基于 SaaS 的应用程序。还有一个开源的 CSS 预处理程序 Compass，使用的也是 SaaS，它与 Bootstrap 结合可以帮助我们在短时间内构建一个完全响应式的网站，还可以帮助我们编写出轻量的、可编程的、可维护的 CSS。Rails 项目中基于 Bootstrap 的 SaaS 实现以及其他一些基于 SaaS 的项目，都是重大的发展。

最近的更新以及 Bootstrap 的官方 SaaS 入口，可以在官方的 GitHub 平台上找到：https://github.com/twbs/bootstrap-sass。

8.4.3　Bootstrap Expo

Bootstrap Expo（http://expo.getbootstrap.com/）提供了由 Bootstrap 框架开发的网站和网页应用程序的正式目录，我们可以在 Expo 上展示自己的网站（需要满足一定的条款）。

8.5　小结

在本章，我们对其他所有的工具和商品进行了概述，它们可以简化 Bootstrap 的网页设计。根据 Bootstrap 博客的介绍，当前最新的激动人心的发展是 Ratchet 2.0.2(http://goratchet.com/) 项目的启动，这是由 Bootstrap 团队开发的专门用于移动设备的框架，可以帮助我们实现原生应用般的移动应用。Bootstrap 是一种创新，它拥有各种可重用的模块，具有很好的可扩展性和合理的预设值。Bootstrap 具有平台无关的本质和灵活性，还有活跃的社区，使它成为了 2014 年最流行的框架之一。随着 Bootstrap 的发展，它的外延和内含也在不断地丰富。Joomla 最新的版本也支持了 Bootstrap，Wordpress 也完全兼容和支持 Bootstrap，Python 也将 Bootstrap 集成在它的库文件包中。随着移动设备和智能技术的出现，Bootstrap 开始成为未来精确和快速设计网页时不可或缺的部分。

Web前端开发&设计经典

HTML5&CSS3篇

Web前端开发&设计经典

框架篇

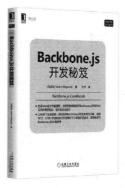

推荐阅读

JavaScript权威指南(原书第6版)

从1996年以来,本书已经成为 JavaScript 程序员的《圣经》。

第6版涵盖HTML5和ECMAScript 5。很多章节完全重写,以便跟得上当今的最佳Web开发实践。该版本的新增章节描述了jQuery和服务器端JavaScript。

对于那些希望学习Web编程语言的有经验的程序员和希望精通JavaScript的当前JavaScript程序员,本书最适合不过了。

深入理解PHP:高级技巧、面向对象与核心技术(原书第3版)

国际知名Web开发专家和技术畅销书作家最新力作,PHP领域经典著作。

从编程技巧、面向对象和扩展三个角度系统讲解和总结了成为中高级PHP程序员应该具备的技术和技能,包含大量实用案例,极具实践指导意义。

如果你已经具备一定的PHP编程基础,想使开发效率更高,想把应用做得更好,那么这本书应该是你需要阅读的。本书旨在为想修炼成为高级PHP程序员的中初级PHP程序员提供实用的方法和建议。